len Hüte der Schopf-Tintlinge, die auf Wiesen und an Wegrändern über Nacht hervorbrechen. Auf Natur belassenen, blumenreichen Wiesen können manchmal auch noch besondere Raritäten wie Düngerlinge, Rötlinge und Saftlinge gefunden werden.

Lebensraum Holz

Auf lebenden und abgestorbenen Hölzern innerhalb und außerhalb des Waldes, an Schuttplätzen und im Garten, ja selbst an verbautem Holz sind ganz besondere „Spezialisten" am Werk. Holzbewohner können Schwächeparasiten wie beispielsweise der Schwefel-Porling oder der Hallimasch sein, die noch lebendes Holz angreifen und großen Schaden anrichten können. Oder Folgezersetzer, die das tote Holz abbauen und damit einen wichtigen Beitrag zur Humusbildung leisten wie Rauchblättriger Schwefelkopf und der gefährliche Gift-Häubling. Oft leben Schwächeparasiten aber auch als Folgezersetzer weiter. So kann zum Beispiel der Zunderschwamm über Jahre hinweg an Rotbuchen vorkommen.

Lebensraum Feuchtgebiete

In Feuchtgebieten, Mooren und an Gewässerrändern treffen wir auf eine eigens angepasste Pflanzenwelt. Bäume wie Erlen und Weiden haben sich auf die nasse Umgebung spezialisiert. Entsprechend haben sich auch verschiedene Pilzarten angepasst, die sich zusammen mit Torfmoosen hier breit machen. Unter Erlen findet man zum Beispiel den Erlen-Grübling. Die Pilze der Feuchtgebiete sind leider ebenso wie die hier wachsenden Blütenpflanzen durch Entwässerungen und andere Maßnahmen zur Bodenverbesserung in ihrem Vorkommen stark bedroht. Essbare Arten wie Moor-Röhrling und Erlen-Grübling sollten deshalb auch stehen gelassen werden.

Hans E. Laux

Kosmos Pilzführer für unterwegs

KOSMOS

Was ist ein Pilz?

Da dem Pilz das Blattgrün fehlt, mit dessen Hilfe sich unsere Pflanzen ernähren, kann er die Stoffe, die er zum Leben und Wachstum braucht, nur in „fertiger" Form aufnehmen. Er entzieht sie dem Substrat, auf dem er lebt (organische Abfälle, Laub- und Nadelstreu, totes oder lebendes Holz) mit Hilfe eines fädigen Geflechts, dem so genannten Myzel. Was man gemeinhin als „Pilz" bezeichnet, ist nur der meist kurzlebige Fruchtkörper. Er erzeugt die Verbreitungsorgane, die Sporen, die vereinfacht ausgedrückt mit den Samen der Blütenpflanzen verglichen werden können.

Im Lauf der Entwicklung haben Pilze drei verschiedene Techniken des Nahrungserwerbs entwickelt:

1. Partnerschaft mit Bäumen (Mykorrhizapilze): Bei dieser Lebensweise versorgt der Pilz den Baum mit Wasser und Mineralstoffen und bezieht als Gegenleistung Kohlenhydrate und andere lebensnotwendige Substanzen, die er nicht selbst herstellen kann. Manche dieser Mykorrhizapilze kommen nur unter einer bestimmten Baumart vor, andere dagegen gehen mit mehreren Baumarten Partnerschaften ein.
2. Abfallverwertung (Moderpilze): Diese Pilze leben als Folgezersetzer von der Verwertung pflanzlicher Abfälle wie Laub- und Nadelstreu oder vermoderndem Holz. Das Myzel entzieht diesen Materialien Restnährstoffe und trägt so zu deren Abbau bei. Ohne die Tätigkeit dieser „Recyclingspezialisten" würde die Natur an ihrem eigenen Abfallmaterial ersticken.
3. Parasitimus: Pilze, die in andere Organismen (Wirte) eindringen, entziehen die benötigten Stoffe dem lebenden Wirt. Sie leben auf Kosten anderer und können erheblichen Schaden anrichten.

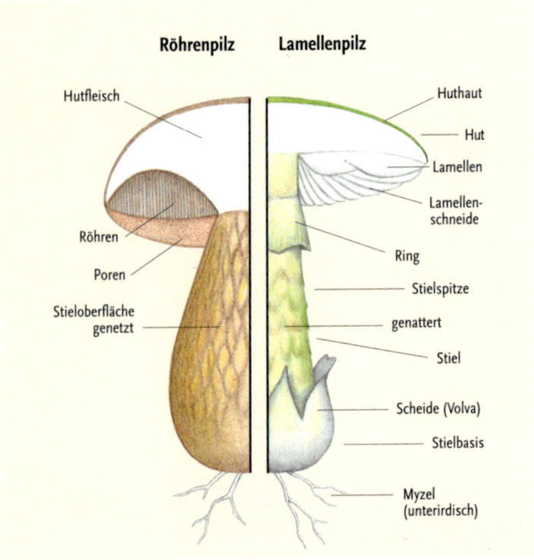

Inhalt

Zu diesem Buch

Sehr viele Pilze können an ganz verschiedenen Stellen, im, aber auch außerhalb des Waldes vorkommen, zum Beispiel auf Wiesen und grasigen Plätzen, an Wegrändern und auf Feldern. Oft werden Sie Pilze auch in Parkanlagen, auf Friedhöfen, Gartenplätzen und selbst im Zierrasen antreffen können – ein weites, schier unerschöpfliches Feld für den Pilzsammler.
Viele Pilze findet man nur in ganz bestimmten Waldtypen. So werden Sie einen Gold-Röhrling oder Edel-Reizker vergeblich im Laubwald suchen, einen Birkenpilz, Pfeffer-Milchling oder Morchel-Becherling nicht im Nadelwald antreffen. Einige Pilze wachsen gar nicht im Wald, sondern auf Wiesen und Weiden, in Parkanlagen oder Gärten, wie der Nelken-Schwindling oder der Große Scheidling. Der Stadt-Egerling kann sogar in der Stadt durch Teer und Asphalt brechen. Und dann gibt es da noch die Spezialisten, die an ganz bestimmte Baumarten oder Biotope gebunden sind: Birken-Porlinge wachsen nur auf Birken, Erlen-Grüblinge nur im Feuchtgebiet unter Erlen und Schmarotzer-Röhrlinge nur parasitisch auf Hartbovisten.

Augen auf: Wo Birken stehen, da könnten Sie mit dem schmackhaften Birkenpilz rechnen.

Die Einteilung nach Lebensräumen

Wir wollen es dem angehenden Pilzsammler leichter machen und haben die Pilze in diesem Buch nach ihrem Vorkommen eingeteilt. Bei manchen Arten war dies allerdings schwierig, da sie verschiedene Lebensräume besiedeln können. Hier haben wir uns dann für die Unterbringung in dem Lebensraum entschieden, in dem der Pilz am häufigsten zu finden ist. Der Schopf-Tintling zum Beispiel, ein echter „Allerweltspilz", ist im Lebensraum „Wiesen und Gärten" aufgeführt, denn hier kommt er vergleichsweise häufig vor. Sie können ihn allerdings auch im Laubwald finden. Wundern Sie sich auch nicht, wenn ein Holzbewohner wie das Rauchblättrige Schwefelköpfchen im Lebensraum „Nadelwald" und nicht im Lebensraum „Holz" aufgeführt wird. Denn in der Natur findet man diesen Pilz oft im Nadelwald, ohne zunächst das im Boden liegende Holz zu erkennen.
Eine große Rolle für das Vorkommen eines Pilzes spielt auch die Bodenbeschaffenheit. Möglichkeiten zur Messung des ph-Wertes hat der Pilzsammler auf seinem Spaziergang meist nicht. Aber es gibt einige Pflanzen, die nur auf ganz bestimmten Böden wachsen. Heidelbeeren und Torfmoose zeigen beispielsweise sauren Boden an, der ideale Standort für den Fichten-Reizker. Im „sauren" Nadelwald, wo der Rote Fingerhut wächst, da sind auch Kuhmaul, Steinpilz

und Trompeten-Pfifferling nicht weit. Auf kalkreichen Böden, die eine sehr artenreiche Flora haben, findet man oft verschiedene Orchideen-Arten, Seidelbast und Waldmeister. Hier leben dann auch Satans-Pilz und Herbst-Trompete.

Zu den Beschreibungen der einzelnen Arten

Wir haben die Beschreibung des Pilzes unterteilt in:
Merkmale: Hier finden Sie die wichtigsten Bestimmungsmerkmale, anhand derer Sie den gefundenen Pilz erkennen können. Wie groß ist der Hut und welche Farbe hat er? Wie sehen Lamellen, Röhren und Poren aus? Wie lang ist der Stiel? Trägt er einen Ring? Steckt er in einer Knolle? Gibt es noch andere typische Erkennungsmerkmale?
Vorkommen: Unter dieser Rubrik ist angegeben, zu welcher Jahreszeit mit dem Pilz zu rechnen ist. Die Erscheinungszeit kann allerdings nach Höhenlage und Witterung von den gemachten Angaben etwas abweichen. Hier finden Sie auch Angaben wie Bodenbeschaffenheit, ob der Pilz einzeln oder gesellig vorkommt, und ob er noch andere Lebensräume besiedelt.
Wissenswertes: Für den Sammler ist von großer Wichtigkeit: Ist der Pilz essbar oder nicht? Worauf muss ich bei der Zubereitung achten? Welche Besonderheit zeichnet den Pilz aus?
Der Tipp für unterwegs: Hier erfährt der Pilzsammler kurz und prägnant, worauf er beim Suchen und Sammeln achten muss. Gibt es einen giftigen Doppelgänger? Wie kann er unterschieden werden?
Und jetzt nichts wie hinein in feste Stiefel und passende Kleidung und mit Körbchen und Messer hinaus in die Natur. Doch halt - einen Rat möchte ich Ihnen noch auf den Weg geben: Sammeln Sie immer nur Pilze, die Sie ganz sicher kennen. Lassen Sie nicht sicher bestimmte Arten von einem Fachmann überprüfen.
Möge das Buch viele Neugierige auf den Weg zum Pilzkenner führen, der später vielleicht einmal über die hier bisweilen vereinfachte Hinführung zu den Pilzen schmunzelt. Wenn es dem Leser hilft, sein Wissen zu erweitern, hat es seinen Zweck erfüllt – ich freue mich darüber.

Baumpilze sind meist ungenießbar, erfreuen aber das Auge, wie dieser weithin leuchtende Schwefelporling.

Lebensraum Laub- und Laubmischwald

Wenn im Laub- und Laubmischwald die ersten zarten Knospen an den Bäumen aufbrechen, Märzveilchen und Anemonen ihre zarten Blüten durchs Falllaub schieben, dann suchen erfahrene Pilzsammler an vertrauten Plätzen im Wald schon nach den ersten Schätzen am Waldboden: Spitz- und Speisemorcheln, die „Trüffel“ unserer heimischen Laub- und Mischwälder. Bis zum Spätherbst bietet dieser Standort einige der besten Speisepilze wie Parasol, Pfifferling, Frauen-Täubling und Herbst-Trompete.

1 Rotfuß-Röhrling

Xerocomus chrysenteron

Merkmale Der Rotfuß-Röhrling ist einer der kleinsten Röhrlinge. Der gelb- bis dunkelbraune Hut ist 3–8 cm breit, jung halbkugelig, später polsterförmig abgeflacht und oft felderig aufgerissen. Risse und Fraßstellen verfärben sich meist rötlich. Der zylindrische Stiel ist 3–10 cm lang und auf gelblichem Grund rötlich punktiert bis gestreift. Die hellgelben Röhren verfärben sich rasch olivgrün und lassen sich leicht ablösen. Das gelbliche Fleisch verfärbt sich im Schnitt und bei Druck leicht blau. **Vorkommen** Der Rotfuß-Röhrling ist einer der häufigsten und weit verbreitetsten Röhrlinge. Er ist von Juni bis November einzeln oder in Gruppen in Laub-, Laubmisch- und Nadelwäldern zu finden. **Wissenswertes** Der Rotfuß-Röhrling ist ein besonders empfindlicher Pilz. Sein anfänglich festes Fleisch wird sehr schnell weich und madig. Sammeln Sie daher nur junge Pilze, transportieren Sie sie vorsichtig (nicht übereinander liegend) und verzehren Sie sie sofort.

Der Tipp für unterwegs
Da der giftige Schönfuß-Röhrling an den selben Stellen vorkommt, sollten Sie sich seine wichtigsten Merkmale gut einprägen: Sein Hut ist größer und heller, der Stiel bauchig.

2 Schönfuß-Röhrling

Boletus calopus

Merkmale Der Schönfuß-Röhrling hat einen blassgrauen bis graubraunen, feinsamtigen, 10–20 cm breiten Hut. Dieser ist anfangs halbkugelig, später polsterförmig bis abgeflacht. Der kräftige, zylindrische bis bauchige Stiel ist 6–15 cm lang. Er ist unter dem Hut gelb, im unteren Teil rot gefärbt und trägt eine erhabene Netzzeichnung. Die hellgelbe Porenschicht verfärbt sich an Druckstellen sofort blaugrün. **Vorkommen** Der Schönfuß-Röhrling erscheint von Juni bis Oktober in Laub-, Laubmisch- und Nadelwäldern. **Wissenswertes** Der Pilz ist giftig und verursacht schwere Magen-Darm-Störungen. Er kann von oben gesehen mit dem ebenfalls giftigen Satansröhrling (siehe Seite 17) verwechselt werden. Da beide Arten nicht essbar sind, spielt die Verwechslungsmöglichkeit für den Pilzsammler jedoch keine Rolle.

Der Tipp für unterwegs
Sie finden den Schönfuß-Röhrling besonders häufig auf nährstoffarmen Böden der Mittelgebirge und Alpen.

1

2

1 Birkenpilz

Leccinum scabrum

Merkmale Der Birkenpilz hat einen 5–15 cm breiten, gelb- bis braungrauen, polsterförmigen Hut. Der relativ schlanke Stiel ist 10–20 cm hoch und verjüngt sich nach oben. Er ist weißlich und mit zunächst grauen, später schwärzlichen Schüppchen bedeckt. Die Röhrenschicht ist bei jungen Pilzen weißlich, später ockergrau und leicht ablösbar. **Vorkommen** Der Birkenpilz ist in Deutschland weit verbreitet. Dieser „Sommerpilz" erscheint von Juni bis Oktober in Laub- und Laubmischwäldern, an Feldrainen, in Parks und Gärten unter Birken. **Wissenswertes** Der Pilz ist in der Färbung sehr veränderlich: Der Hut kann hellbraun, aber auch dunkelbraun sein. Typisch ist jedoch der mit schwärzlichen Schüppchen bedeckte Stiel. Der Birkenpilz hat ein helles Fleisch, das sich beim Kochen schwarz verfärbt. Da die Pilze schnell weich werden, muss man sie vorsichtig im Korb transportieren und möglichst bald zubereiten.

Der Tipp für unterwegs

Wer Birkenpilze finden will, sucht am besten in feuchten, moosigen Birkenwäldchen. Sammeln und bereiten Sie nur junge Hüte zu, denn der Stiel ist oft faserig und zäh.

2 Heide-Rotkappe, Birken-Rotkappe

Leccinum versipelle

Merkmale Der 5–30 cm große, orange- bis ockergelbe Hut der Heide-Rotkappe ist bei jungen Pilzen halbkugelig, breitet sich mit zunehmendem Alter aber polsterförmig aus. Er sitzt auf einem kräftigen, 8–15 cm langen Stiel, der bei jungen Exemplaren bauchig, bei älteren eher zylindrisch ausgebildet ist. Wie beim Birkenpilz ist der helle Stiel mit schwärzlichen Schuppen bedeckt. Die schmutzigweiße Röhrenschicht färbt sich mit zunehmendem Alter grau und lässt sich leicht ablösen. **Vorkommen** Heide-Rotkappen erscheinen von Juni bis November und wachsen vereinzelt oder gesellig unter Birken. In Osteuropa und Skandinavien kommt der Pilz noch relativ häufig vor, in Deutschland ist er allerdings stark rückläufig. **Wissenswertes** Nicht erschrecken: Auch bei der Heide-Rotkappe wird das Fleisch beim Kochen schwarz.

Der Tipp für unterwegs

Auch die Heide-Rotkappe ist an Birken gebunden, so dass Sie zuerst einmal nach dem Baum und dann nach dem Pilz schauen müssen.

1

2

1 Netzstieliger Hexen-Röhrling
Boletus luridus

Merkmale Auffälligstes Merkmal des Netzstieligen Hexen-Röhrlings sind die roten Poren und das rote Netz am Stiel. Der 5–20 cm breite Hut ist ledergelblich oder oliv- bis dunkel orangebraun. Wie bei den meisten Röhrlingen ist er anfangs halbkugelig, später dann polsterförmig abgeflacht. Der Stiel ist 5–15 cm lang, jung bauchig, später gestreckt. Er ist im oberen Teil gelblich, nach unten orangerot bis purpurn und mit einem feinen, roten Adernetz bedeckt. Poren und Fleisch verfärben sich bei Druck oder im Anschnitt blau. **Vorkommen** Der Netzstielige Hexen-Röhrling erscheint einzeln oder gesellig von Mai bis Oktober in Laub- und Nadelwäldern mit kalkreichen Böden. **Wissenswertes** Wie viele Röhrlingsarten mit roten Poren ist der Pilz im rohen Zustand giftig. Der wohlschmeckende Pilz verursacht in Verbindung mit Alkohol – selbst zwei Tage vor oder nach der Pilzmahlzeit genossen – Vergiftungserscheinungen!

Der Tipp für unterwegs
Der Netzstielige Hexen-Röhrling kann auch gut gekocht Unverträglichkeitsreaktionen hervorrufen. Sie sollten daher am besten ganz auf seinen Genuß verzichten.

2 Flockenstieliger Hexen-Röhrling, Schusterpilz
Boletus erythropus

Merkmale Der Flockenstielige Hexen-Röhrling trägt einen 5–20 cm großen, meist dunkelbraunen Hut. Der kräftige Stiel ist 4–15 cm lang, anfangs bauchig, später zylindrisch gestreckt. Er ist auf gelblichem Grund dicht mit karminroten Schüppchen bedeckt und verfärbt sich auf Druck blau. Die Poren sind bei jungen Pilzen gelblich, später dann orange bis dunkelrot; sie verfärben sich bei Berührung sofort schwarzblau. Auch das feste, gelbe Fleisch verfärbt sich im Schnitt sofort dunkelblau. **Vorkommen** Der Pilz erscheint von Mai bis Oktober bevorzugt an lichten Stellen auf trockenen, sauren Böden im Laub- oder Laubmischwald. Man findet ihn nicht nur unter Buchen, Eichen und Edelkastanien, sondern gelegentlich auch im Nadelwald unter Fichten. **Wissenswertes** Flockenstieliger und Netzstieliger Hexen-Röhrling können leicht verwechselt werden.

Der Tipp für unterwegs
Verzichten Sie – wenn Sie sich nicht ganz sicher sind – auf den Verzehr von Röhrlingen mit roten Poren, da es in dieser Gruppe einige sehr ähnliche giftige Pilze gibt.

1

2

1 Satans-Röhrling, Teufelspilz

Boletus satanas

Merkmale Der Satans-Röhrling ist ein beeindruckender Pilz, sowohl was seine Färbung, als auch seine Größe anbelangt. Man zählt ihn zu den größten europäischen Röhrlingen. Der halbkugelig gewölbte, dickfleischige Hut wird 10–30 cm breit und ist auffällig weiß-grau gefärbt. Er sitzt auf einem kurzen (8–15 cm lang), dickbauchigen (5–10 cm breit) Stiel. Dieser ist unter dem Hut gelblich, zur Basis hin rötlich und über die ganze Länge auffällig karminrot genetzt. Die Poren sind zunächst orange, bald jedoch lebhaft rot gefärbt. **Vorkommen** Der Satans-Röhrling ist eine Wärme liebende Art. Er erscheint von Juli bis Oktober in Laubwäldern, besonders gerne auf kalkhaltigen Böden unter Buchen, Eichen und Edelkastanien. **Wissenswertes** Der Pilz sieht nicht nur einem Totenkopf ähnlich, sondern verströmt mit zunehmendem Alter auch noch einen widerlichen Aasgeruch aus – was sicherlich niemand zum Sammeln veranlassen wird.

Der Tipp für unterwegs
So groß und auffällig wie dieser Pilz ist, und so Ekel erregend wie er im Alter riecht, bleibt der Satans-Röhrling kaum unbemerkt und ist auch leicht zu bestimmen.

2 Kahler Krempling, Empfindlicher Krempling

Paxillus involutus

Merkmale Der Kahle Krempling ist ein sehr häufig vorkommender Pilz. Sein gelb-, oliv- oder rotbrauner Hut ist 5–15 cm breit und in der Mitte meist eingesenkt, jung manchmal auch mit einem kleinen Buckel. Typisch ist der eingerollte Hutrand. Der 5–8 cm lange Stiel ist etwas heller als der Hut. Hut, Stiel und Lamellen verfärben sich bereits auf leichten Druck hin dunkel braunrot. **Vorkommen** Der Pilz erscheint von Juni bis November meist gruppenweise in Laub- und Nadelwäldern. **Wissenswertes** Der Kahle Krempling war früher – gut gekocht – als Speisepilz sehr beliebt. Heute wird er bei uns als giftig eingestuft. In Osteuropa gilt er nach wie vor als guter Speisepilz und wird sogar auf den Märkten angeboten. Die Vergiftungserscheinungen gehen auf Überempfindlichkeitsreaktionen zurück.

Der Tipp für unterwegs
Der Kahle Krempling bevorzugt nicht zu kalkhaltige Böden, und Sie können ihn unter allen Baumarten finden.

1

2

1 Echter Pfifferling, Eierschwamm

Cantharellus cibarius

Merkmale Dieser kleine, hellgelbe bis orangefarbene Pilz ist bei Pilzsammlern sehr beliebt und meist wohlbekannt. Sein 3–5, selten auch bis 15 cm breiter Hut ist anfangs halbkugelig, später ausgebreitet und in der Mitte trichterförmig vertieft. Der hutfarbene Stiel ist 3–6 cm lang, zylindrisch oder nach unten etwas verjüngt. Der Pilz hat keine Lamellen, sondern zum Stiel herablaufende, gegabelte Leisten. **Vorkommen** Der vielerorts leider stark zurückgegangene Pilz kommt von Juni bis November einzeln oder gesellig in Laub- und Nadelwäldern vor. Er ist über Jahre hinweg an den gleichen Plätzen in größeren Mengen anzutreffen. **Wissenswertes** Der Echte Pfifferling ist aufgrund seiner guten Haltbarkeit als Marktpilz sehr geschätzt. Sein hoher Bekanntheitsgrad hat sicher viel zu seinem Rückgang beigetragen. In größeren Mengen genossen, kann der Pilz bei empfindlichen Personen mitunter Magenbeschwerden verursachen.

Der Tipp für unterwegs
Wer Pfifferlinge sucht, braucht ein gutes Pilzauge. Denn vor allem junge Pfifferlinge sind oftmals gut unter Blättern und im dichten Moos versteckt.

2 Falscher Pfifferling, Falscher Eierschwamm

Hygrophoropsis aurantiaca

Merkmale Auch der Falsche Pfifferling trägt einen 3–10 cm großen, orangegelben Hut, auf dessen Unterseite jedoch leuchtend orange gefärbte, dicht stehende, gegabelte Lamellen sitzen. Der 2–6 cm lange, dünne Stiel ist zäh. Das Fleisch ist im Vergleich zum Echten Pfifferling weich, biegsam, zäh und relativ geschmacklos. **Vorkommen** Der Falsche Pfifferling ist von Juli bis November gesellig in Laub-, häufiger jedoch in Nadelwäldern verbreitet. **Wissenswertes** Eine Verwechslung mit dem Echten Pfifferling wäre sicherlich nicht tragisch. Der Falsche Pfifferling wird bisweilen auch als essbar bezeichnet, kann jedoch bei empfindlichen Personen Verdauungsstörungen verursachen. Machen Sie einfach die „Bruchprobe“: Der Echte Pfifferling bricht leicht auseinander, der Falsche nicht.

Der Tipp für unterwegs
Sie finden den Falschen Pfifferling oft an morschen, vermodernden Baumstümpfen. Der Echte Pfifferling wächst dort nie! Wenn der Pilz dann auch noch zäh ist, dann handelt es sich auf jeden Fall um den Falschen Pfifferling.

1

2

1 Samtiger Pfifferling

Cantharellus friesii

Merkmale Der Hut des Samtigen Pfifferlings ist orangerötlich gefärbt und schimmert leicht rosa. Er ist unregelmäßig geformt und in der Mitte niedergedrückt. Der Stiel ist 3–4 cm lang und fest. Die hellen Leisten sind dick, teilweise gegabelt und queradrig verbunden. Sie sind jung gelblich bis orangerosa, verblassen mit zunehmendem Alter. **Vorkommen** Diese Pfifferlingsart kommt von Juli bis Oktober einzeln bis gesellig in Laubwäldern der mittleren Berglagen vor. Der Pilz wächst besonders gern an Böschungen, auf offenen Böden oder auf Moos bedeckter Erde. **Wissenswertes** Der Samtige Pfifferling gehört mittlerweile zu den selteneren Pfifferlings-Arten. Sein Rückgang liegt möglicherweise in der Veränderung seines natürlichen Lebensraumes begründet. Sie sollten ihn daher lieber stehen lassen und auf den Echten Pfifferling zurückgreifen, selbst gesammelt oder gekauft.

Der Tipp für unterwegs
Sie können den Samtigen Pfifferling von oben gesehen leicht mit dem Echten Pfifferling (siehe Seite 19) verwechseln. Der Echte Pfifferling ist jedoch größer und dickfleischiger.

2 Starkriechender Pfifferling, Duftender Leistling

Cantharellus aurora (C. lutescens)

Merkmale Der Starkriechende Pfifferling hat einen 2–6 cm breiten, gelb- bis orangebraunen, dünnfleischigen Hut mit gut erkennbarer genabelter Mitte (siehe Bild). Alt ist der Hut ausgebreitet bis tief trichterförmig. Die Hutunterseite ist aderig-runzelig, faltig und orangegelb bis dunkel orange rosa, Leisten sind nicht zu erkennen. Der 2–7 cm lange, hohle Stiel ist orangegelb, oft zusammengedrückt und längsfurchig **Vorkommen** Dieser Pfifferling kommt von August bis November gesellig oder büschelig bis rasig in feuchten mineralreichen Berg-Nadelwäldern und Laubwäldern vor. **Wissenswertes** Wegen des orangegelben Stiels wird dieser Pilz auch Goldstieliger Pfifferling genannt. Da er sich gut trocken lässt und ein hervorragender Würzpilz ist, sollten Sie sein Massenauftreten in manchen Jahren nutzen.

Der Tipp für unterwegs
Dieser wohlschmeckende Pfifferling wächst bevorzugt auf mineralreichen Böden im Unterholz von Laub- und Nadelwäldern!

1

2

1 Herbst-Trompete, Toten-Trompete

Craterellus cornucopioides

Merkmale Die Herbst-Trompete ist nicht in Hut und Stiel gegliedert. Der trompetenförmige, hohle Fruchtkörper ist 5–12 cm hoch und 2–5 cm breit. Die Innenseite ist rußiggrau bis fast schwarz gefärbt. Die Außenseite ist aschgrau und mit zunehmendem Alter vom Sporenpulver weißlich bestäubt. Das Fleisch ist zäh-elastisch. Der Pilz verströmt ein würziges Aroma. **Vorkommen** Herbst-Trompeten erscheinen von August bis November meist gesellig bis büschelig in Laub- und Laubmischwäldern. **Wissenswertes** Trotz ihres düsteren Aussehens ist die Herbst-Trompete ein guter Speisepilz und wird bisweilen als Ersatz für Morcheln und Trüffeln verwendet. Der Pilz wird daher auch als „Trüffel des kleinen Mannes“ bezeichnet. Da der Pilz getrocknet sehr lange aufbewahrt werden kann, ohne seinen Geschmack zu verlieren, sollten Sie ein „gutes“ Pilzjahr zum Vorrat anlegen nutzen.

Der Tipp für unterwegs

Die Herbst-Trompete erscheint in manchen Jahren massenhaft, in manchen Jahren fehlt sie ganz. Sie finden den Pilz unter Rotbuchen und Eichen. Eine gute Fundstelle sollten Sie sich merken – die Pilze sind standorttreu.

2 Semmel-Stoppelpilz

Hydnum repandum

Merkmale Der Semmel-Stoppelpilz hat einen dicken, unregelmäßig gebuckelten, 4–10 cm breiten, cremefarbenen bis semmelgelben Hut, der auf seiner Unterseite mit cremefarbenen Stacheln (Stoppeln) besetzt ist. Die jungen Fruchtkörper sind knopfförmig gewölbt und verwachsen oftmals miteinander. Die gedrängt stehenden Stacheln sind 2–6 mm lang, gelbweiß bis cremefarben und vom Hut ablösbar. Je älter der Pilz wird, desto länger sind die Stacheln. Das Fleisch läuft im Schnitt langsam blass gelbrosa an. **Vorkommen** Der Semmel-Stoppelpilz erscheint von Juli bis November einzeln oder gesellig, meist in Gruppen und Ringen, oft büschelig verwachsen, in Laub- und Nadelwäldern. Der Semmel-Stoppelpilz ist eigentlich ein Herbstpilz, manchmal tritt er aber schon ab Juli auf. **Wissenswertes** Mit zunehmendem Alter wird das Fleisch bitter.

Der Tipp für unterwegs

Da junge Semmel-Stoppelpilze am schmackhaftesten sind, gilt für den Sammler: Je kürzer die Stacheln, desto besser ist das Fleisch.

1

2

1 Violetter Lacktrichterling, Lackbläuling

Laccaria amethystina

Merkmale Der Violette Lacktrichterling ist ein kleiner Pilz, der jung vor allem aufgrund seiner lebhaft violetten Färbung gut kenntlich ist. Im Alter und bei Trockenheit verblasst die Färbung ins Graublaue. Der 2–5 cm breite Hut ist anfangs gewölbt, später ausgebreitet und meist etwas vertieft. Er sitzt auf einem 4–10 cm langen, oftmals wellig verbogenen Stiel. **Vorkommen** Violette Lacktrichterlinge erscheinen von Juni bis November bisweilen einzeln, meist aber gesellig in Laub- und Nadelwäldern, aber auch in Parkanlagen und wenig gepflegten Baumgärten. Sie bevorzugen feuchte Gebiete und finden sich häufig in moosigen Mulden. **Wissenswertes** Zum Garnieren ist der Violette Lacktrichterling in Salaten oder Sülzen hervorragend geeignet. Sammeln Sie nur junge und ganz frische Pilze. Sie werden zum sofortigen Gebrauch blanchiert, zum späteren Verwenden in Essig eingelegt.

Der Tipp für unterwegs
Sie könnten heller ausgefärbte Violette Lacktrichterlinge mit dunklen Rettich-Helmlingen verwechseln. Eine Riechprobe schafft hier aber schnell Klarheit.

2 Gemeiner Rettich-Helmling, Rettich-Helmling

Mycena pura

Merkmale Der kleine bis mittelgroße Pilz ist blasslila bis violett gefärbt. Der 2–5 cm breite Hut ist anfangs glockig, später flach mit kleinem Buckel. Die Lamellen sind blass und stehen weit auseinander. Auffallend sind bei feuchter Witterung die helle Trockenzone in der Hutmitte und der dunklere, durchwässerte Rand. Der Stiel ist 4–7 cm lang und dünn. **Vorkommen** Rettich-Helmlinge erscheinen von Mai bis November ziemlich häufig einzeln bis gesellig in Laub- und Nadelwäldern. Die Pilze wachsen gerne dort, wo Nadeln oder Buchenblätter auf dem Boden liegen. Der Stiel bildet mit Humus und Nadelstreu einen Substratballen (siehe Bild). **Wissenswertes** In alten Pilzbüchern wird der Rettich-Helmling als essbar bezeichnet. Er enthält jedoch geringe Mengen Muscarin und wird heute als giftig eingestuft.

Der Tipp für unterwegs
Die Art variiert in der Hutfarbe sehr und kann leicht mit anderen gleich großen Helmlings-Arten verwechselt werden. Da diese Pilze jedoch alle ungenießbar oder giftig sind, spielt dies beim Pilzsammler sowieso keine Rolle.

1

2

1 Mönchskopf

Clitocybe geotropa

Merkmale Der Mönchskopf ist ein großer Pilz mit trichterförmigem, 5–20 cm breitem, manchmal sogar noch größerem Hut, der fast immer einen kleinen Buckel in der Mitte hat und dessen Rand lange eingerollt bleibt. Hut und Stiel sind weißlich, cremebeige oder ocker gefärbt. Der Stiel ist 8–15 cm lang, fest, voll und kräftig. Bei jungen Mönchsköpfen ist der Hut im Vergleich zum Stiel sehr klein (siehe Bild). Die weißlichen bis elfenbeinfarbenen Lamellen laufen relativ weit am Stiel herab. Sie stehen mittelmäßig dicht und sind teilweise gegabelt. **Vorkommen** Der Mönchskopf ist ein typischer Herbstpilz. Er erscheint von September bis November in Laub- und Nadelwäldern, häufig aber auch an Waldrändern und auf Waldwiesen. Im Wald bevorzugt er vor allem lichte und grasige Plätze. **Wissenswertes** Von anderen hellhütigen Trichterlingen unterscheiden sich ausgewachsene Mönchsköpfen durch den gebuckelten Hut.

Der Tipp für unterwegs

Weniger erfahrene Pilzsammler könnten junge Mönchsköpfe leicht mit giftigen Trichterlingen verwechseln. Sie sollten daher ganz auf das Sammeln hellhütiger Trichterlinge verzichten.

2 Grüner Anis-Trichterling

Clitocybe odora

Merkmale Der Grüne Anis-Trichterling ist ein kleiner bis mittelgroßer Pilz. Sein Hut ist 3–8 cm breit, anfangs gewölbt, später dann flach ausgebreitet, mit niederem Buckel, jedoch kaum trichterförmig. Seine Farbe variiert von hellem blaugrün über blaugrau zu grüngrau. Im Alter blassen die Hüte meist aus und können fast weiß werden. Der Stiel ist 4–8 cm lang und ziemlich dünn. Er ist anfangs weißlich, später blass graugrünlich. Der Pilz riecht intensiv nach Anis. **Vorkommen** Grüne Anis-Trichterlinge gehören zu den Herbstpilzen. Sie erscheinen von August bis November in Laub- und Nadelwäldern. **Wissenswertes** Der Pilz riecht nicht nur nach Anis, er schmeckt auch danach. Der kleinere, aber giftige Langstielige Duft-Trichterling (siehe Seite 29) riecht ebenfalls nach Anis. Er trägt jedoch einen cremefarbenen bis beige-grauen Hut.

Der Tipp für unterwegs

Der Grüne Anis-Trichterling wächst gerne in der Laubstreu von Eichen und Buchen. Untrügliche Kennzeichen sind die grünlichen Hüte und der Geruch nach Anis.

1

2

1 Elfenbein-Schneckling
Hygrophorus eburneus

Merkmale Der 3–8 cm breite, schmierig-schleimige Hut des Elfenbein-Schnecklings breitet sich mit zunehmendem Alter unregelmäßig aus. Junge Pilze sind reinweiß, ältere elfenbeinfarben. Der 4–12 cm lange, dünne Stiel ist an der Basis zugespitzt und am oberen Ende feinkörnig bereift. **Vorkommen** Der Pilz erscheint von August bis November in Laub- und Laubmischwäldern. **Wissenswertes** Früher galt der Pilz gut gekocht als essbar.

Der Tipp für unterwegs
Elfenbein-Schnecklinge wachsen gerne einzeln bis gesellig auf leicht kalkhaltigen Böden in Buchenwäldern.

2 Ockerbrauner Trichterling
Clitocybe gibba (C. infundibuliformis)

Merkmale Der 2–10 cm breite, lederfarbene bis ockerbraune Hut dieses Pilzes ist schon bald trichterförmig. Die gedrängt stehenden, weißlichen bis blass cremefarbenen Lamellen laufen weit am Stiel herab. Der schlanke Stiel ist 3–5 cm lang und bildet an der Basis zusammen mit weißem Myzelfilz und Humus, Streu und Nadeln einen Substratballen. **Vorkommen** Der Ockerbraune Trichterling erscheint von Juni bis September meist gesellig, sehr gerne in Reihen und Ringen in Laub- und Nadelwäldern. **Wissenswertes** Der Pilz wird auch als essbar bezeichnet, kann jedoch bei empfindlichen Personen Magen- und Darmbeschwerden verursachen.

Der Tipp für unterwegs
Der Ockerbraune Trichterling wächst oft an Wegrändern. Da er weit verbreitet und sehr häufig ist, sollten Sie ihn kennen, auch wenn er nicht als Speisepilz in Frage kommt. Der Fuchsige Rötelritterling (siehe Seite 33) sieht ihm sehr ähnlich.

3 Langstieliger Duft-Trichterling, Duft-Trichterling
Clitocybe fragrans (C. suaveolens)

Merkmale Der Duft-Trichterling ist ein kleiner, aber häufig anzutreffender Pilz. Der 1–5 cm breite Hut ist anfangs gewölbt, bald aber flach niedergedrückt bis trichterig. Bei feuchter Witterung glänzt der beigegraue Hut speckig, und die Hutmitte ist dunkler gefärbt. Der Pilz riecht deutlich nach Anis. **Vorkommen** Die Pilze erscheinen vom Frühjahr bis Spätherbst in Laubwäldern. **Wissenswertes** Der Duft-Trichterling enthält das giftige Muscarin.

Der Tipp für unterwegs
Sie könnten den Duft-Trichterling höchstens aufgrund seines Geruchs mit dem Grünen Anis-Trichterling (siehe Seite 27) verwechseln.

1

2

3

Nebelgrauer Trichterling, Nebelkappe, Graukappe

Clitocybe (Lepista) nebularis

Merkmale Dieser große Trichterling trägt seine Namen zu Recht: Der 5–20 cm breite Hut ist aschgrau bis graubraun und mit einem abwischbaren Reif überzogen. Der kräftige Stiel ist 6–10 cm lang und an seiner Basis oft stark erweitert. Der Pilz hat einen süßlichen Frucht- oder Mehlgeruch. **Vorkommen** Nebelkappen erscheinen von September bis November in Laub- und Nadelwäldern. Nebelkappen sind typische und häufige Herbstpilze. Man findet die Pilze bis in den November hinein, wenn schon düstere Nebeltage das Ende der Pilzsaison anzeigen (Name!). Sie wachsen in Gruppen, Reihen oder weiten Kreisen und können auch auf Wiesen und in Baumgärten vorkommen. **Wissenswertes** Junge Nebelkappen sind essbar, sie müssen aber gut und lange gekocht oder vor dem Braten blanchiert werden. Individuelle Unverträglichkeitsreaktionen (Verdauungsprobleme) sind allerdings möglich.

Der Tipp für unterwegs

Vorsicht! Junge Fruchtkörper können auch von erfahrenen Pilzsammlern mit denen des Riesen-Rötlings verwechselt werden.
Am besten Finger weg, auch wenn der Pilz appetitlich aussieht!

2 Riesen-Rötling

Entoloma sinuatum

Merkmale Der Riesen-Rötling ist ein großer, kräftiger und fleischiger Pilz, der appetitlich nach Mehl und Gurken riecht. Trotzdem handelt es sich um einen der giftigsten Pilze unserer Laubwälder. Der 5–20 cm breite Hut ist anfangs halbkugelig-gewölbt, später ausgebreitet-abgeflacht und stumpf gebuckelt. Er ist elfenbeinweiß, hellocker oder beigegrau gefärbt. Die Lamellen sind anfangs hellgelblich, später lachs- bis rosagelb und am Stiel ausgebuchtet. **Vorkommen** Der Riesen-Rötling ist ein geselliger Pilz, der meist in Gruppen oder Ringen auftritt. Er erscheint von Juni bis Oktober und wächst bevorzugt in lichten Laubwäldern im Schatten von Rotbuchen und Eichen auf kalkhaltigen, lehmigen Böden. **Wissenswertes** Der Pilz verursacht sehr schwere, mehrtägige Brechdurchfälle und kann unter Umständen auch tödlich sein.

Der Tipp für unterwegs

Der verlockend aussehende, aber sehr giftige Pilz kommt glücklicherweise nur gebietsweise recht häufig vor.
Vorsicht: Junge Riesen-Rötlinge sehen jungen Nebelkappen zum Verwechseln ähnlich!

1

2

1 Violetter Rötelritterling

Lepista nuda

Merkmale Der Violette Rötelritterling ist ein stattlicher und auffälliger Pilz. Der violette bis bräunlichviolette Hut ist 5–15 cm breit, anfangs gewölbt, später flach ausgebreitet und wellig verbogen. Die Lamellen stehen dicht und sind bei jungen Pilzen tief violett; sie verfärben sich auch im Alter nicht. Der kräftige, ebenfalls violette Stiel ist 4–12 cm lang und bis 3 cm breit. **Vorkommen** Der Violette Rötelritterling erscheint von Juli bis November, bisweilen aber auch von April bis Mai in Gruppen oder Ringen in Laub- und Nadelwäldern. Er kann im Spätherbst auf nährstoffreichen Böden unter Rotbuchen in großen Mengen vorkommen, wächst aber auch neben grasigen Wegen oder in Gärten. **Wissenswertes** Sie sollten den Violetten Rötelritterling nur in kleinen Mengen essen, da individuelle Unverträglichkeitsreaktionen gut möglich sind. In der Volksheilkunde sagt man ihm Blutdruck senkende Eigenschaften nach.

Der Tipp für unterwegs

Im Nadelwald gibt es einen ähnlich gefärbten, schwach giftigen Schleierling: den Bocks-Dickfuß (siehe Seite 107). Er unterscheidet sich durch einen widerlichen Geruch und hat zumindest im Alter braune Lamellen.

2 Fuchsiger Rötelritterling, Fuchsiger Trichterling

Lepista flaccida (L. inversa)

Merkmale Der Fuchsige Rötelritterling hat einen 3–8 cm breiten, jung flach gewölbten, später trichterförmigen Hut. Dieser ist in trockenem Zustand blass ocker- bis lederbraun, bei Feuchtigkeit fuchsigrotbraun und schwach fleckig. Die dicht stehenden Lamellen sind bei jungen Exemplaren weißlich gelb, später gelbrötlich bis fuchsig. Der 2–5 cm lange und bis 1 cm breite Stiel trägt an seiner Basis einen auffälligen Myzelfilz. Der Pilz riecht nach geschnittenem Gras. **Vorkommen** Fuchsige Rötelritterlinge erscheinen von August bis November meist in Gruppen oder Ringen in Laub- und Nadelwäldern. **Wissenswertes** Der Pilz ist zwar essbar, aber nicht sehr schmackhaft. Der Fuchsige Rötelritterling kann leicht mit dem ungenießbaren Ockerbraunen Trichterling (siehe Seite 29) verwechselt werden.

Der Tipp für unterwegs

Fuchsige Rötelritterlinge verlieren nach kalten Nächten ihre helle Farbe und werden dunkel fuchsig-braun.

1

2

1 Brandiger Ritterling

Tricholoma ustale

Merkmale Der Brandige Ritterling ist ein lokal häufiger, mittelgroßer Pilz. Der hell kastanienbraune bis braunschwarze Hut ist 4–7 cm breit, jung halbkugelig bis kegelig, mit zunehmenden Alter gewölbt bis abgeflacht. Die dicht stehenden Lamellen sind zunächst cremeweiß, später dann rostfleckig. Der relativ kräftige, 4–10 cm lange Stiel ist an der Spitze hell, und abwärts mit feiner bräunlicher Faserung versehen. Die Pilze sind oftmals büschelig verwachsen. **Vorkommen** Brandige Ritterlinge erscheinen von Sommer bis Herbst in Laub- und Laubmischwäldern und sind relativ häufig im Falllaub von Rotbuchen anzutreffen. **Wissenswertes** Der Brandige Ritterling ist leicht giftig. Ungeklärt ist noch, ob die beobachteten Vergiftungserscheinungen auf ungenügendes Kochen, individuelle Unverträglichkeiten oder giftige Substanzen im Pilz zurückzuführen sind.

Der Tipp für unterwegs

Es gibt eine ganze Gruppe ähnlicher mittelgroßer braunhütiger Ritterlinge. Da sie alle ungenießbar bis leicht giftig sind, sollten Sie von dieser Gruppe am besten die Finger lassen.

2 Grünling

Tricholoma equestre (T. auratum)

Merkmale Der Grünling ist ein mittelgroßer, gelber bis gelbgrüner Pilz. Der 4–12 cm breite, dickfleischige Hut ist jung halbkugelig bis glockig, bald aber breit gebuckelt. Auf der gelbgrünlichen bis braungelben Oberfläche sind bräunlich gelbe Schüppchen eingewachsen. Die dicht stehenden Lamellen sind hell schwefelgelb bis zitronengelb gefärbt. Der kräftige, zylindrische Stiel ist 6–10 cm lang, an der Spitze weißlich, nach unten zu gelbgrünlich bis bräunlichgelb gefärbt. **Vorkommen** Grünlinge erscheinen von September bis Dezember häufig in Laub-, seltener in Nadelwäldern. **Wissenswertes** Der Grünling galt früher als ausgezeichneter Speisepilz, wird heute jedoch als giftig eingestuft. Nach neueren Untersuchungen verursacht der Pilz eine Degeneration und Nekrose der Muskeln, die bei manchen Menschen sogar zum Tod führen kann.

Der Tipp für unterwegs

Den Grünling können Sie vor allem in den norddeutschen Kiefernwäldern auf sauren, sandigen Böden häufig antreffen. Doch auch hier gilt: Finger weg!

1

2

1 Schwefel-Ritterling

Tricholoma sulphureum

Merkmale Der Schwefel-Ritterling ist ein kleinerer, schwefelgelber Pilz (Name!). Der 3–7 cm breite Hut sitzt auf einem zylindrischen bis 8 cm langen Stiel. Er ist zunächst stumpfkegelig, wird aber mit zunehmendem Alter gewölbt bis abgeflacht mit leichtem Buckel. Die dicken Lamellen stehen weit auseinander. **Vorkommen** Schwefel-Ritterlinge erscheinen von Juli bis Oktober in Laub- und Nadelwäldern. **Wissenswertes** Der Pilz ist schwach giftig.

Der Tipp für unterwegs
Den Pilz erkennen Sie mit verbundenen Augen: Er riecht widerlich stechend Leuchtgas- bzw. Karbidähnlich.

2 Unverschämter Ritterling

Tricholoma lascivum

Merkmal Der Unverschämte Ritterling hat einen 3–7 cm breiten Hut, der anfangs gewölbt, bald jedoch abgeflacht und oft unregelmäßig wellig und gebuckelt ist. Junge Pilze sind weißlich-cremefarben, ältere ockerfarben mit dunklerer Mitte. Der schlanke, zylindrische Stiel wird bis 6 cm lang und ist weißlich-cremefarben mit bräunlichem Hauch. **Vorkommen** Unverschämte Ritterlinge erscheinen von August bis Oktober verbreitet in Laubwäldern, besonders unter Eichen, Hainbuchen und Rotbuchen. **Wissenswertes** Der ähnlich aussehende Lästige Ritterling (*T. inamoenum*) wächst im Fichtenwald, der Strohblasse Trichterling (*T. stiparophyllum*) unter Birken.

Der Tipp für unterwegs
Der schön anzusehende Ritterling verströmt einen widerlich süßlichen (nahezu unverschämten) Geruch, der Sie ganz bestimmt vom Sammeln abhält.

3 Seifen-Ritterling

Tricholoma saponaceum

Merkmale Der 4–8 cm breite Hut des Seifen-Ritterlings kann schwarz- bis olivbraun, aber auch grünlich oder gelblich gefärbt sein. Die Hüte sind zum Rand hin stets heller gefärbt. Die schmutzigweißen Lamellen stehen weit auseinander. Der zylindrische, oft auch spindelförmige Stiel ist 4–10 cm lang. **Vorkommen** Der Pilz erscheint von August bis November in Laub- und Nadelwäldern. **Wissenswertes** Der Pilz ist schwach giftig.

Der Tipp für unterwegs
Typisch für diesen Pilz sind der Geruch nach Seifenlauge und das langsame Röten des Fleisches bei Reibung.

1

2

3

1 Rötender Ritterling

Tricholoma orirubens

Merkmale Der Rötende Ritterling ist ein mittelgroßer Pilz mit mehlartigem Geruch und Geschmack. Der 4–8 cm breite, grauweiße Hut ist dicht mit schwarzbraunen Schuppen oder Fasern besetzt, bisweilen auch rosa überhaucht und am Rand heller als in der Mitte. Junge Pilze haben halbkugelige, ältere flach gewölbte Hüte. Die grauweißen Lamellen werden bei längerem Liegen oder im Alter rötlich. Der 4–5 cm lange Stiel ist weißlich und grau- bis braunschwarz überfasert. **Vorkommen** Rötende Ritterlinge sind typische Herbstpilze. Sie kommen von September bis November einzeln oder gesellig in Laub- und Laubmischwäldern vor. **Wissenswertes** Unter den Ritterlingen mit dunklem, schuppigem Hut befinden sich einige Giftpilze. Fatale Folgen könnten Verwechslungen mit dem giftigen Tiger-Ritterling haben. Besser, Sie lassen die Finger von diesem essbaren Ritterling.

Der Tipp für unterwegs
Diesen Pilz finden Sie vor allem unter Buchen und Eichen. Typisch: Das weißliche Fleisch junger Pilze verfärbt sich bei längerem Liegen (bisweilen erst nach 24 Stunden) rötlich. Um sicher zu gehen, müssen sie also Geduld haben.

2 Tiger-Ritterling

Tricholoma pardalotum (T. pardinum)

Merkmale Der Tiger-Ritterling ist ein stämmiger Pilz. Sein Hut ist 5–10 cm breit, jung halbkugelig bis glockig, später ausgebreitet und leicht gebuckelt, seltener niedergedrückt. Die weiße Oberfläche ist mit silbergrauen bis graubräunlichen, konzentrisch angeordneten Schuppen besetzt, die ein getigertes Muster erzeugen (Name!). Die mäßig dicht stehenden Lamellen sind ziemlich dick, jung weißlich, später gelblich. Der weißliche Stiel ist 6–10 cm lang und an der Basis oft verdickt. **Vorkommen** Tiger-Ritterlinge findet man von August bis Oktober in Laub- und Nadelwäldern. Sie kommen vor allem im Bergland vor, im Tiefland sind sie seltener, in Norddeutschland fehlen sie ganz. Sie bevorzugen Kalkböden. **Wissenswertes** Der Tiger-Ritterling verursacht lang anhaltende kolikartige Bauchschmerzen und schwere Brechdurchfälle.

Der Tipp für unterwegs
Die Vergiftungserscheinungen treten erst eine halbe bis drei Stunden nach der Mahlzeit ein. Selbst eine kleine Kostprobe kann fatale Folgen haben! Also besser Finger weg!

1

2

1 Gemeiner Weichritterling

Melanoleuca melaleuca (M. vulgaris)

Merkmale Der Gemeine Weichritterling hat einen 4–8 cm breiten, grauschwarzen bis schwarzbraunen Hut, der bei jungen Pilzen gewölbt, bei älteren ausgebreitet und mehr oder weniger gebuckelt ist. Die weißlichen Lamellen stehen dicht gedrängt. Der schlanke Stiel ist 5–7 cm lang, längsfaserig und dunkelbraun gefärbt. Das Fleisch ist weich und schwammig. Daher auch der Name Weichritterling. **Vorkommen** Der Gemeine Weichritterling ist ein Herbstpilz. Er erscheint von September bis November einzeln bis gesellig in Laub- und Nadelwäldern. **Wissenswertes** Unter den Weichritterlingen gibt es einige recht ähnlich aussehende Arten, die bisher noch unzureichend untersucht sind. Da es im Herbst jedoch viele andere, schmackhaftere Pilze gibt, sollten Sie auf das Sammeln des Gemeinen Weichritterlings und seiner Verwandten verzichten, zumal sie auch nicht besonders schmackhaft sind.

Der Tipp für unterwegs

Sie finden den Gemeinen Weichritterling an grasigen Plätzen oder Wegrändern im Laub- und Nadelwald.

2 Frühlings-Weichritterling

Melanoleuca cognata

Merkmale Der Frühlings-Weichritterling hat wie alle Weichritterlinge einen flachen, leicht gebuckelten Hut und ein weiches, cremefarbenes Fleisch. Der 4–10 cm breite Hut ist je nach Witterung hellbraun, ockerbraun oder graubräunlich gefärbt mit dunklerer Mitte. Die breiten, creme- (jung) bis ockerfarbenen (alt) Lamellen stehen dicht gedrängt. Der schlanke, faserig gestreifte Stiel ist 6–10 cm lang und heller als der Hut. **Vorkommen** Frühlings-Weichritterlinge erscheinen in der Hauptsache von April bis Juni, seltener vom Sommer bis zum Herbst, in Laub-, aber auch Nadelwäldern. Sie können bisweilen aber auch in Parkanlagen vorkommen. **Wissenswertes** Die Hutfarbe kann von einem hellen ocker bis zu einem dunklen braun variieren.

Der Tipp für unterwegs

Der Frühlings-Weichritterling ist einer der ersten im Frühjahr erscheinenden Pilze und zu der Zeit kaum zu verwechseln. Leicht zu erkennen: Auf Lichtungen bilden sie gerne große Hexenringe.

1

2

1 Weißer Rasling

Lyophyllum connatum

Merkmale Der Weiße Rasling ist ein auffälliger, weißhütiger, aber giftiger Pilz. Der fein bereifte Hut ist 3–7 cm breit, jung halbkugelig, bald aber ausgebreitet mit wellig verbogenem Rand. Junge Pilze sind reinweiß, ältere weiß-grau. Die teilweise gegabelten Lamellen sind bei jungen Pilzen hutfarben, bei älteren gelblich. Der schlanke Stiel ist 4–10 cm lang und an der Basis meist büschelig verwachsen. **Vorkommen** Weiße Raslinge erscheinen von August bis November. Die Pilze stehen meist dicht büschelig oder in Reihen in Laub- und Nadelwäldern und an grasigen, krautreichen Wegrändern und kommen oftmals in großen Mengen vor. **Wissenswertes** Der Pilz galt früher als essbar. Er enthält nach neueren Forschungsergebnissen aber einen erbgutschädigenden Stoff. Wegen seiner Verwechslungsgefahr mit anderen giftigen, weißhütigen Arten sollten Sie ihn stehen lassen.

Der Tipp für unterwegs
Vorsicht! Der unerfahrene Speisepilzsammler sollte sich merken: Lieber Hände weg von allen weißhütigen Pilzen, denn hier gibt es sehr viele, auch tödlich giftige Arten.

2 Brennender Rübling

Collybia peronata

Merkmale Der Brennende Rübling ist ein kleiner, runzeliger, hell- bis rötlichbrauner Pilz, der auch noch nach langer Trockenheit im Laub- und Nadelstreu zu sehen ist. Der 3–5 cm breite Hut ist anfangs gewölbt, später flach mit kleinem Buckel. Die blassgelben bis gelbbraunen Lamellen stehen ziemlich weit auseinander. Der 4–7 cm lange Stiel ist ziemlich schmal, zylindrisch und nach unten leicht verbreitert. Seine Basis und bisweilen auch der untere Teil des Stiels sind mit dichtem, gelblichem oder weißlichem Myzelfilz überzogen. **Vorkommen** Der Brennende Rübling kommt von Juli bis Oktober gesellig auf Blättern und Nadeln in Laub- und Nadelwäldern vor. **Wissenswertes** Als Streuzersetzer besitzt der Brennende Rübling einen großen ökologischen Wert.

Der Tipp für unterwegs
Besonders häufig findet man den Brennenden Rübling in großen Gruppen oder Ringen in der Laubstreu in Buchenwäldern. Er ist kein Speisepilz, denn sein Fleisch ist von brennend scharfem Geschmack (Name!) und unergiebig.

1

2

1 Waldfreund-Rübling

Collybia dryophila

Merkmale Der Waldfreund-Rübling ist ein kleiner, sehr häufiger Pilz. Der 2–6 cm breite, dünne Hut ist anfangs gewölbt, dann ausgebreitet und oft wellig verbogen. Er kann gelblich, gelbbraun oder fleischrötlich gefärbt sein, hat aber immer eine dunklere Mitte und blasst bei Trockenheit aus. Die dicht stehenden Lamellen sind weißlich bis blassgelblich. Der schlanke, 3–8 cm lange Stiel ist blassgelb oder gelblich-rot bis orange-bräunlich mit hellerer Spitze. Seine Basis ist oft etwas filzig. **Vorkommen** Der Waldfreund-Rübling stellt sich mit zuverlässiger Regelmäßigkeit schon nach dem ersten Mairegen eng gedrängt in Reihen oder Ringen in Laub- und Nadelwäldern, aber auch in Parkanlagen und Gärten ein. Er ist bis in den Oktober hinein zu finden. **Wissenswertes** Die Pilzhüte sind gut gekocht essbar, die Stiele sind jedoch zäh und ungenießbar. Empfindliche Personen sollten den Waldfreund-Rübling lieber meiden.

Der Tipp für unterwegs
Da sich der Pilz von totem, organischem Material ernährt, selbst aber nicht besonders schmackhaft ist, sollten sie den Recycling-Spezialisten stehen und „arbeiten" lassen.

2 Striegeliger Rübling

Collybia hariolorum

Merkmale Der Striegelige Rübling ist ebenfalls ein kleiner „Moderpilz", der vom Aussehen her dem Waldfreund-Rübling ähnlich ist. Sein Hut ist 2–5 cm breit, konvex bis abgeflacht, bisweilen mit stumpfem Buckel. Er ist cremefarben bis blassbräunlich gefärbt, die Mitte mehr rötlich braun. Der dünne Stiel ist bis 6 cm lang, weißlich bis blassgelblich, feinfilzig und im unteren Teil meist deutlich striegelig. **Vorkommen** Der Striegelige Rübling ist ein geselliger Pilz, der von Mai bis September meist büschelig in der Laubstreu im Laubwald vorkommt. **Wissenswertes** Der Striegelige Rübling sieht dem Waldfreund-Rübling sehr ähnlich, ist an seinem unangenehmen Geruch aber gut zu unterscheiden. Achen Sie auch auf die striegelige Stielbasis (siehe Bild). Er verursacht leichte bis schwere Verdauungsstörungen und gilt daher als giftig.

Der Tipp für unterwegs
Im Laubwald kann der Pilz bei warmer, feuchter Witterung in großen Mengen auftreten. Der unangenehme Geruch nach faulendem Kohl lädt aber nicht zum Sammeln ein.

1

2

1 Knopfstieliger Rübling
Collybia confluens

Merkmale Beim Knopfstieligen Rübling sitzen die kleinen, flach gebuckelten, blassocker bis fleischbräunlichen Hüte auf langen, dünnen, rotbräunlichen Stielen, die meist büschelig verwachsen sind. Die Lamellen sind cremefarben bis rosabräunlich. **Vorkommen** Die kleinen Pilze erscheinen vom Sommer bis Herbst in Laub- und Nadelwäldern. **Wissenswertes** Der Pilz hat eine knopfartig erweiterte Stielspitze, die beim Ablösen des Hutes sichtbar wird (Name!).

Der Tipp für unterwegs
Der Knopfstielige Rübling ist ein typischer Streuzersetzer, der nie einzeln, sondern immer gesellig auftritt.

2 Horngrauer Rübling
Collybia butyracea var. asema

Merkmale Auch der Horngraue Rübling ist ein gesellig auftretender Pilz. Der 4–7 cm breite, horngraue bis graubraune Hut ist erst gewölbt, dann abgeflacht und meist stumpf gebuckelt. Er ist bei Feuchtigkeit oft zweifarbig mit dunklerer Mitte und hellerem Rand. Die dicht stehenden Lamellen sind weiß. Der dünne, 3–8 cm lange Stiel ist graubräunlich bis horngrau und zur Basis hin aufgeblasen und weißfilzig. **Vorkommen** Horngraue Rüblinge treten von Sommer bis Herbst bisweilen einzeln, meist aber gesellig in Laub- und Nadelwäldern auf. **Wissenswertes** Diese Varietät des Butterrüblings zeigt keinerlei rotbraune Tönung.

Der Tipp für unterwegs
Trotz des geselligen Vorkommens ist die Ausbeute gering, da die zähen Stiele nicht zu verwenden sind. Lassen Sie den Humuszehrer zum Wohl des Waldes lieber stehen.

3 Kastanienroter Rübling, Butterrübling
Collybia butyracea var. butyracea

Merkmale Der 2–7 cm breite Hut ist mehr oder weniger rotbraun mit dunklerer Mitte. Die schmutzigweißen Lamellen stehen dicht beieinander. Der 3–8 cm lange, rotbraune Stiel ist zur Basis hin keulig aufgeblasen und meist weißfilzig. **Vorkommen** Der Butterrübling erscheint von Juli bis November in Laub- und Nadelwäldern. **Wissenswertes** Kastanienroter und Horngrauer Rübling gelten bei manchen Mykologen auch als eine Art.

Der Tipp für unterwegs
Sie finden den kastanienroten Rübling häufig zwischen Sauerklee und Farn.

1

2

3

1 Schwarzgezähnelter Rettich-Helmling

Mycena pelianthina

Merkmale Der Schwarzgezähnelte Rettich-Helmling ist wie alle Helmlinge ein kleiner, zarter Pilz mit mehr oder weniger gebuckeltem Hut und dünnem Stiel. Der 2–5 cm breite Hut ist in feuchtem Zustand fleischfarben-lila, grauviolett oder blasslila mit dunklerem Rand. Trocken ist er beigefarben bis weißlich ausblassend, mit violettlichem Ton. Die breiten, grauvioletten Lamellen sind schwarzpurpurn „gezähnelt". Der dünne, 4–7 cm lange Stiel ist blass grauviolett und an der Basis etwas wurzelnd. **Vorkommen** Dieser Helmling erscheint von Juni bis Oktober. Er kommt gerne im Buchenlaub vor, kann aber auch unter Eichen und Birken und sogar im Nadelwald gefunden werden. **Wissenswertes** In älteren Pilzbüchern wird der Schwarzgezähnelte Rettich-Helmling als essbar bezeichnet. Inzwischen ist im Pilz Muscarin nachgewiesen worden, und es besteht an seiner Giftigkeit kein Zweifel mehr.

Der Tipp für unterwegs
Für den Pilzsammler gilt: Alle Helmlinge sind kleinhütig, langgestielt und ungenießbar oder gar giftig. Ein typisches Merkmal ist der in feuchtem Zustand durchscheinend geriefte Hut (siehe Bild).

2 Gurkenschnitzling

Macrocystidia cucumis

Merkmale Der Gurkenschnitzling ist ein kleiner Pilz mit feinsamtigem, 2–6 cm breitem Hut, der in der Mitte fast schwarzbraun ist. Zum Rand hin wird er rot- bis dunkelbraun bis ockergelb. Junge Pilze sind kegelig bis glockig, ältere abgeflacht und gebuckelt. Die dicht stehenden Lamellen sind jung weißlich, alt ockerbräunlich. Der dünne Stiel ist 3–7 cm lang, dunkel rot- bis schwarzbraun und fein bereift. **Vorkommen** Der Gurkenschnitzling ist ein feuchtigkeits- und stickstoffliebender Pilz. Er erscheint von Juli bis November meist gesellig an grasigen Waldwegen, Holzlagerplätzen oder Schuttplätzen in Laub- und Nadelwäldern, aber auch unter Brennnesseln und anderen Kräutern in Parkanlagen. **Wissenswertes** Der Gurkenschnitzling ist ein schöner und sehr variabler Pilz. Sein Geruch verleitet aber sicherlich nicht zum Sammeln.

Der Tipp für unterwegs
Sie können den an Waldwegen häufig vorkommenden Gurkenschnitzling ganz eindeutig an seinem Geruch erkennen: Junge Pilze riechen nach Gurken, ältere nach Lebertran.

1

2

1 Gelber Knollenblätterpilz, Gelber Wulstling

Amanita citrina

Merkmale Der Gelbe Knollenblätterpilz ist ein sehr schöner, aber giftiger, mittelgroßer Pilz. Der blassgelbe, zitronengelbliche, bisweilen auch gelbgrünliche und ganz selten weiße (*A. citrina* var. *alba*) Hut ist 5–9 cm breit und mit unregelmäßigen, eckigen, weißgelben Flocken oder Schuppen (Hüllreste) bedeckt. Junge Pilze haben einen halbkugeligen, ältere einen gewölbten bis ausgebreiteten Hut. Die ziemlich eng stehenden Lamellen sind weißlich bis hellgelblich. Der zylindrische Stiel endet am unteren Ende in einer gerandeten Knolle und trägt einen herabhängenden, etwas gerieften Ring. **Vorkommen** Der Gelbe Knollenblätterpilz wächst bevorzugt einzeln bis gesellig in Buchen- und Eichenwäldern auf trockenen, sauren Böden. Man kann ihn hin und wieder aber auch im Nadelwald finden. Er erscheint von August bis November. **Wissenswertes** Alle Knollenblätterpilze sind mehr oder weniger giftig.

Der Tipp für unterwegs
Der Pilz riecht sehr stark nach rohen Kartoffeln. Vorsicht: Für unerfahrene Pilzsammler ist es besser, alle Pilze mit knollenartig verdickter Stielbasis, Stielmanschette (Ring) und weißen Lamellen zu meiden.

2 Grüner Knollenblätterpilz

Amanita phalloides

Merkmale Der Grüne Knollenblätterpilz ist anfangs eiförmig und von einer weißen Hülle umgeben. Daraus entwickelt sich zunächst ein kegeliger bis gewölbter, später ein flach ausgebreiteter, 4–12 cm breiter Hut. Er ist gelbgrün bis dunkeloliv und trägt nur selten weiße Hüllreste. Die weichen, dicht stehenden Lamellen sind weiß. Der 6–12 cm lange Stiel ist an der Basis knollig verdickt und steckt in einer häutigen, weißlichen, offen abstehenden Hülle. Im oberen Stielteil sitzt eine zarte, häutige Manschette (Ring). **Vorkommen** Der Grüne Knollenblätterpilz ist ein recht häufiger Laubwaldpilz, der von Juli bis November gerne unter Buchen und Eichen wächst. Er kann aber auch in Parkanlagen und im Nadelwald angetroffen werden. **Wissenswertes** Der Grüne Knollenblätterpilz ist tödlich giftig. Selbst wenn Bruchstücke zum Sammelgut gelangen, besteht akute Vergiftungsgefahr!

Der Tipp für unterwegs
Tödlich giftig! Generell gilt: Finger weg von Pilzen mit weißen Lamellen, einem Stiel mit Manschette und einer Knolle, die in einer häutigen Hülle steckt.

1

2

1 Grauer Wulstling

Amanita excelsa (A. spissa)

Merkmale Der Graue Wulstling ist ein recht auffälliger und häufiger Pilz. Der 5–14 cm breite Hut ist jung halbkugelig, später gewölbt bis abgeflacht. Auf der grauen bis hellgrau-bräunlichen Oberfläche sitzen unregelmäßig verteilt grauweiße Flocken oder Schollen, die Reste der Hüllschicht. Die dicht stehenden, breiten Lamellen sind weiß. Der 6–15 cm lange Stiel ist zur Basis hin erweitert und geht in eine meist wurzelnde Knolle über. Im oberen Stieldrittel hängt ein deutlich geriefter Ring. **Vorkommen** Der Graue Wulstling erscheint einzeln bis gesellig von Juni bis Oktober. Er kann in fast allen Waldtypen in Mengen gefunden werden, manchmal auch in Parkanlagen oder größeren, baumbestandenen Gärten. **Wissenswertes** Da der Pilz oft in großer Zahl auftritt, wird er gerne gesammelt. Unerfahrene Pilzsammler sollten ihn vor dem Verzehr auf jeden Fall von einem Fachmann nachbestimmen lassen.

Der Tipp für unterwegs
Da der Graue Wulstling einen giftigen Doppelgänger hat – den Pantherpilz –, der oftmals an den gleichen Stellen vorkommt, sollten Sie aus Sicherheitsgründen auf das Sammeln dieses Pilzes verzichten.

2 Pantherpilz

Amanita pantherina

Merkmale Der Pantherpilz verdankt seinen Namen sicherlich der braunen Hutoberfläche, die fast regelmäßig mit zahlreichen weißen Hüllresten besetzt ist. Wie bei allen Wulstlingen ist der 5–12 cm breite Hut zunächst halbkugelig, dann gewölbt und schließlich flach ausgebreitet. Die weißlichen bis schwach cremefarbenen Lamellen stehen dicht gedrängt. Der weiße Stiel ist 5–12 cm lang, trägt in der Mitte einen ungerieften, hängenden Ring und endet in einer bis 4 cm breiten, wulstig-gerandeten Knolle. **Vorkommen** Pantherpilze erscheinen von Juli bis Oktober in Laub- und Nadelwäldern. Sie bevorzugen Sandböden und sonnige Stellen und können lokal relativ häufig vorkommen. Manchmal kann man sie auch in Parkanlagen finden. **Wissenswertes** Der Pilz verursacht Krämpfe, Erbrechen, Atemlähmung und Kreislaufversagen.

Der Tipp für unterwegs
Achten Sie auf die Stielknolle und die tief hängende, ungeriefte Manschette, die den Pantherpilz vom essbaren Grauen Wulstling und dem Perlpilz (Seite 55) unterscheiden.

1

2

1 Perlpilz, Rötender Wulstling

Amanita rubescens

Merkmale Der Perlpilz kann je nach Standort und Klima sehr vielgestaltig, schmächtig oder kräftig (siehe Bild) sein. Der 5–15 cm breite Hut ist fleischrötlich bis rötlichbraun und mit grauweißen bis graurötlichen, abwischbaren Hüllresten besetzt. Die ziemlich breiten Lamellen stehen dicht beieinander und sind anfangs weiß, flecken jedoch im Alter und an Fraßstellen (wie auch das Fleisch) weinrötlich. Der kräftige, 5–15 cm lange Stiel ist zunächst weißlich mit leicht rötlicher Tönung, später weinrötlich. Er trägt einen breiten, herabhängenden, häutigen Ring und endet in einer Knolle, die kaum noch Hüllreste trägt. **Vorkommen** Der gesellige Pilz erscheint von Juni bis Oktober. Perlpilze gehören zu den verbreitetsten und häufigsten im Sommer wachsenden Pilzen und versprechen eine gute Ausbeute. **Wissenswertes** Der Pilz ist roh giftig! Die Giftstoffe werden jedoch durch gründliches Erhitzen zerstört, so dass der Perlpilz zu den essbaren Pilzen zählt.

Der Tipp für unterwegs
Den Perlpilz finden Sie in allen Waldtypen und in Parkanlagen, sowie baumbestandenen Gärten. Gehen Sie jedoch auf Nummer sicher und zeigen Sie unsichere Funde immer einer Pilzberatungsstelle.

2 Fliegenpilz, Roter Fliegenpilz

Amanita muscaria

Merkmale Der wohl bekannteste Pilz ist der Fliegenpilz mit seinem 5–15 cm breiten, rot bis orangegelb gefärbten Hut, der mit weißen Pusteln besetzt ist. Die dicht stehenden, breiten Lamellen sind weißlich bis schwach gelblich. Der weißliche Stiel wird 6–20 cm lang, endet in einer Knolle, die am Stielübergang mit Warzenkränzen besetzt ist und trägt im oberen Drittel einen zarten, herabhängenden Ring. **Vorkommen** Fliegenpilze erscheinen von Juli bis Oktober einzeln oder truppweise in Laub- und Nadelwäldern, sind in bergigen Lagen häufiger anzutreffen als im Flachland. **Wissenswertes** Ganz junge, noch eiförmige Fliegenpilze könnten mit jungen Bovisten (siehe Seite 138) verwechselt werden. Wenn sie angeschnitten werden, zeigen sie jedoch eine rotgelbe Linie unter der Haut.

Der Tipp für unterwegs
Geheimtipp:
Wo Fliegenpilze unter Fichten wachsen, da sind auch Steinpilze nicht weit entfernt.

1

2

1 Dünnfleischiger Anis-Egerling

Agaricus silvicola

Merkmale Der mittelgroße Anis-Egerling hat, wie die meisten Egerlinge, einen weißen Hut, der bei jungen Pilzen halbkugelig ist, sich mit zunehmendem Alter jedoch flach ausbreitet. Er unterscheidet sich von anderen Egerlingen aber durch seinen gelblichen Scheitel, der sich beim Reiben zunächst chromgelb, später braungelb färbt. Der 5–10 cm breite Hut sitzt auf einem relativ schlanken, 5–8 cm langen Stiel, der am Grunde meist knollig verdickt ist und einen großen, hängenden, häutigen Ring trägt. Dieser ist allerdings oft nur noch in Fetzen vorhanden. Sein Fleisch riecht und schmeckt nach Anis. **Vorkommen** Der Dünnfleischige Anis-Egerling erscheint von Juli bis November meist gesellig in Laub- und Nadelwäldern. Er wächst besonders häufig in der Nadelstreu unter Fichten. **Wissenswertes** Das dünne Fleisch, auf den der Pilzname zurückzuführen ist, ist nicht sonderlich wohlschmeckend.

Der Tipp für unterwegs
Dieser Egerling kann leicht mit dem ungenießbaren Karbol-Egerling, aber auch mit den tödlich giftigen Knollenblätterpilzen (siehe Seite 51) verwechselt werden.

2 Karbol-Egerling

Agaricus xanthoderma

Merkmale Der giftige Karbol-Egerling sieht leider dem essbaren Champignons sehr ähnlich. Der 5–15 cm breite Hut ist ebenfalls weiß, die dicht stehenden Lamellen jung blassrosa, später graurosa bis fast schwarzbraun. Der 8–12 cm lange Stiel ist an der Basis knollig verdickt und trägt einen dauerhaften, häutigen Ring. Die Basis verfärbt sich beim Anschneiden chromgelb (siehe Bild). **Vorkommen** Karbol-Egerlinge treten von Mai bis Oktober meist gesellig in lichten Wäldern, an Waldrändern, in Wiesen, Gärten und Parkanlagen auf. **Wissenswertes** Da der Karbol-Egerling spätestens beim Kochen einen unangenehmen Karbolgeruch (Name!) verströmt, sind Vergiftungsfälle sehr selten, denn spätestens jetzt werden die meisten auf den „Genuss" dieses Pilzes verzichten.

Der Tipp für unterwegs
Test vor Ort: Schneiden Sie den Pilz an und setzen Sie Ihre Nase als Spürhund ein. Riecht der Pilz nach Karbol? Dann Finger weg!

1

2

1 Parasolpilz, Riesenschirmpilz

Macrolepiota procera

Merkmale Der Parasolpilz ändert im Laufe seines Wachstums ganz auffällig seine Form: Jung erinnert er an ein Anisplätzchen. Dann wächst der kräftige Stiel, und der Pilz sieht aus wie ein Paukenschlegel. Zuletzt breitet sich der Hut zu einem 10–25 cm breiten, hellbraunen Schirm aus, der mit abstehenden Schuppen bedeckt ist. Jetzt hat der kräftige, genatterte Stiel eine Höhe von 15–30 cm und trägt einen großen, doppelt gerandeten Ring. **Vorkommen** Parasolpilze kommen in mittleren und tiefen Lagen von Juli bis Oktober relativ häufig vor. Sie wachsen meist in kleineren Gruppen in Laub-, Misch- und Nadelwäldern und bevorzugen lichte Plätze wie Waldwege, Böschungen oder Waldlichtungen. Man kann sie aber auch auf Wiesen und Heideflächen, in Gärten oder Parkanlagen finden. **Wissenswertes** Die großen Hüte, als „Schnitzel" paniert oder gebraten, sind sehr ergiebig und ein köstlicher Genuss.

Der Tipp für unterwegs
Dank seiner Größe und seiner charakteristischen Form können Sie den Parasolpilz kaum mit anderen Pilzen verwechseln.

2 Spitzschuppiger Stachelschirmling

Echinoderma asperum

Merkmale Der Spitzschuppige Stachelschirmling ist ein kleinerer Vertreter der Schirmlinge. Der dickfleischige Hut erreicht eine Breite von 6–15 cm. Auf cremefarbenem Grund sitzen gelb- bis dunkelbraune, spitzkegelige bis angedrückte, abreibbare Schuppen. Die dicht stehenden Lamellen sind oft gegabelt, jung weißlich, später cremefarben. Der zylindrische Stiel ist 5–12 cm lang und trägt einen häutigen, stark ausgeprägten Ring. Die Stielbasis ist meist knollig verdickt. **Vorkommen** Dieser Stachelschirmling wächst einzeln oder in kleinen Gruppen von August bis weit in den Herbst hinein vor allem in Laubwäldern, kann aber auch im Nadelwald vorkommen. Der Pilz besiedelt bevorzugt Wegböschungen und kiesige Waldwege. Manchmal kann man ihn sogar in Gärten und Parks finden. **Wissenswertes** Der Spitzschuppige Stachelschirmling ist schwach giftig.

Der Tipp für unterwegs
Der Stachelschirmling sieht dem Parasolpilz zwar ähnlich, ist aber deutlich kleiner und riecht widerlich.

1

2

1 Gefleckter Risspilz

Inocybe maculata

Merkmale Der Gefleckte Risspilz hat einen kastanienbraunen, tiefrissigen, 3–6 cm breiten Hut, der mit silbrigen Hüllresten überzogen ist und breite, grauweiße bis schmutzigbraune Lamellen trägt. Der längsfaserige, 4–6 cm lange Stiel ist ocker- bis dunkelbraun. **Vorkommen** Der Gefleckte Risspilz ist ein typischer Laubwaldpilz, der von Juli bis Oktober erscheint. **Wissenswertes** Die Risspilze umfassen mehr als 150 ungenießbare oder giftige Arten.

Der Tipp für unterwegs
Der Gefleckte Risspilz lädt auch vom Aussehen her nicht unbedingt zum Sammeln ein.

2 Kegeliger Risspilz

Inocybe rimosa (I. fastigiata)

Merkmale Der Kegelige Risspilz trägt einen grauen bis ockerbraunen, radialfaserigen, 3–7 cm breiten, zunächst kegeligen, bald jedoch ausgebreiteten Hut mit typisch zugespitztem Buckel und schmutzig olivbraunen Lamellen. Der 6–8 cm lange Stiel ist bei älteren Exemplaren ockerfarben mit weiß bereifter Spitze. **Vorkommen** Der Kegelige Risspilz ist weit verbreitet und häufig. Er kommt von Juni bis Oktober oftmals in großen Gruppen auf mineralreichen Böden und an Wegrändern, aber auch auf offenen Flächen in Laub- und Nadelwäldern vor. **Wissenswertes** Der kegelige Risspilz ist aufgrund seines radialfaserigen Hutes leicht als Risspilz zu erkennen.

Der Tipp für unterwegs
Der Kegelige Risspilz ist in Farbe und Form sehr variabel. Unverkennbar ist der spermaartige Geruch, ein typisches Merkmal vieler Risspilze.

3 Grünscheiteliger Risspilz

Inocybe corydalina

Merkmale Dieser Risspilz hat einen 2–6 cm breiten, stumpf gebuckelten Hut, der im Scheitelbereich olivgrünlich bis blaugrünlich überhaucht, zum Rand hin graubeige bis ockerbräunlich gefärbt ist. Junge Lamellen sind weißlich, alte erdbraun. Der Stiel ist 3–6 cm lang, erst weißlich, dann bräunlich. **Vorkommen** Der Pilz erscheint von Juli bis Oktober in Laubwäldern und Parkanlagen. **Wissenswertes** Dieser Risspilz riecht angenehm süßlich-aromatisch.

Der Tipp für unterwegs
Lassen Sie sich nicht vom Geruch täuschen: Der Grünscheitelige Risspilz enthält Muscarin und andere Giftstoffe, gehört also nicht in den Pilzkorb!

1

2

3

1 Schleiereule

Cortinarius praestans

Merkmale Der junge, kugelige Fruchtkörper samt Basisknolle ist von einem weißen Schleier überzogen, der bald aufreißt, so dass der Pilz wie ein Eulenauge aus dem Boden schaut (Name!). Der ausgebreitete Hut ist 5–25 cm breit, braunviolett bis rotbraun, schmierig und besonders zum Rand hin mit weißen, flockigen Hüllresten besetzt. Die dicht stehenden Lamellen sind zunächst zartlila, alt dann ockerbraun. Der kräftige Stiel ist 10–20 cm lang, weißlich bis blassviolett und endet in einer bauchigen Knolle. Der Schleier bleibt oft als durch Sporenstaub bräunlich gefärbte ringartige Zone am Stiel zurück. **Vorkommen** Schleiereulen erscheinen von August bis Oktober bisweilen nesterweise in wärmeren Laubwäldern. Selten wachsen sie auch bei Nadelbäumen. **Wissenswertes** Diese leicht erkennbare Art, die sich allerdings gut zu verstecken weiß, war früher wegen ihrer Ergiebigkeit geschätzt.

Der Tipp für unterwegs
Schleiereulen schätzen feuchte, kalkreiche Böden und Buchenhaine. Junge Fruchtkörper können mit dem giftigen Lila Dickfuß verwechselt werden. Dieser kommt jedoch eher in Nadelwäldern vor und riecht widerlich!

2 Lila Dickfuß, Safranfleischiger Dickfuß

Cortinarius traganus

Merkmale Der Lila Dickfuß ist jung fast kugelig und blauviolett. Der sich ausbreitende Hut wird 5–12 cm breit und verfärbt sich mit zunehmendem Alter schmutzig gelbbraun und blasst schließlich silbrig-weißlich aus. Die ziemlich dicht stehenden Lamellen haben nie violette Töne, sie sind jung ockerbraun, später dann rostbraun. Der kräftige, 5–10 cm lange Stiel ist an der Basis deutlich keulig verdickt und bei älteren Exemplaren oftmals vom Sporenstaub rostbraun eingefärbt. **Vorkommen** Der Lila Dickfuß erscheint von Juli bis Oktober einzeln oder gesellig in Laub- und Nadelwäldern. Er schätzt vor allem Bergnadelwälder mit sauren Böden und kann hier häufig bei Fichten gefunden werden. **Wissenswertes** Der Pilz ist gut an seinem widerlich süßen, Karbidähnlichen Geruch und dem braungelben Fleisch zu erkennen. Er verursacht Erbrechen und heftige Durchfälle.

Der Tipp für unterwegs
Den Lila Dickfuß können Sie in jungem Stadium mit der essbaren Schleiereule verwechseln. Diese kommt allerdings nur ganz selten im Nadelwald vor und riecht nicht widerlich.

1

2

1 Dickblättriger Schwärz-Täubling

Russula nigricans

Merkmale Typisch für den Dickblättrigen Schwärztäubling sind die dicken, weit auseinander stehenden, brüchigen Lamellen (siehe Bild) und dass der Pilz mit zunehmendem Alter schwarz wird. Der 5–12 cm breite, in der Mitte niedergedrückte Hut sitzt auf einem 3–8 cm langen, festen Stiel. **Vorkommen** Die häufig vorkommenden Pilze erscheinen von Juli bis November in Laub- und Nadelwäldern. **Wissenswertes** Das Fleisch ist hart und kaum zu empfehlen.

Der Tipp für unterwegs

Kein Augenschmaus: Das düstere Aussehen des Dickblättrigen Schwärztäublings verleitet wohl kaum zum Sammeln.

2 Frauen-Täubling

Russula cyanoxantha

Merkmale Typischer Täubling mit weißem, 5–10 cm langem Stiel und weißen, dicht stehenden Lamellen. Der 6–15 cm breite Hut ist in der Mitte oft niedergedrückt und von ganz unterschiedlicher Färbung. Das Spektrum reicht von violett bis grün in allen Mischungen dieser Farben. **Vorkommen** Frauen-Täublinge sind weit verbreitet und in manchen Jahren häufig. Sie erscheinen von Juni bis Oktober in Laub- und Nadelwäldern sowie in Parkanlagen. **Wissenswertes** Der Frauen-Täubling ist ein wohlschmeckender, ergiebiger Speisepilz, der leider schnell von Maden befallen und von Schnecken heimgesucht wird.

Der Tipp für unterwegs

Frauen-Täublinge finden Sie häufig in der Nähe von Buchen. Typisches Merkmal: Die Lamellen sind elastisch und legen sich um, wenn Sie darüber streichen.

3 Speise-Täubling, Fleischroter Speise-Täubling

Russula vesca (R. heterophylla var. *vesca)*

Merkmale Typisch für diesen Pilz sind die rosa bis fleischfarbene Färbung und die hellen Zähnchen am Hutrand (siehe Bild). Der Hut wird 6–10 cm breit und sitzt auf einem 3–8 cm langen, zur Basis hin sich verjüngenden Stiel. **Vorkommen** Speise-Täublinge erscheinen von Juni bis Oktober in Laub- und Nadelwäldern. **Wissenswertes** Der Speise-Täubling ist ein sehr geschätzter Speisepilz (Name!) mit angenehm nussartigem Geschmack.

Der Tipp für unterwegs

Der Fleischrote Speise-Täubling schätzt saure Böden. Sie finden ihn vor allem unter Buchen oder Fichten.

1

2

3

1 Ocker-Täubling, Ockerweißer Täubling

Russula ochroleuca

Merkmale Der Ocker-Täubling ist einer der häufigsten Täublings-Arten unserer Wälder. Der kompakte, mittelgroße Pilz trägt einen 4–9 cm breiten, anfangs gewölbten, bald ausgebreiteten und in der Mitte niedergedrückten, ockergelben Hut. Die dicht stehenden, weißen Lamellen sind zunächst weiß, später gelblich weiß, alt mit rostbraunen Flecken. Der 4–8 cm lange, weiße Stiel ist zur Basis hin leicht verdickt. **Vorkommen** Der Ocker-Täubling ist ein Massenpilz, der bevorzugt saure Böden besiedelt und ausgesprochene Kalkböden meidet. Sie finden ihn von Juli bis November in reinen Buchenwäldern und Laubmischwäldern, er ist aber auch ein häufiger Fichtenbegleiter. **Wissenswertes** Der Ocker-Täubling ist zwar essbar, aber nicht sehr schmackhaft. In einigen östlichen Ländern ist dieser Täubling allerdings ein recht beliebter Speisepilz.

Der Tipp für unterwegs
Vorsicht: Den ähnlichen, aber giftigen Gallen-Täubling können Sie am süßlich-obstartigen Geruch, seiner Schärfe und den ockerfarbenen Lamellen unterscheiden.

2 Gallen-Täubling

Russula fellea

Merkmale Der Gallen-Täubling trägt einen 4–6 cm breiten, stroh- bis ockergelben Hut mit gedrängt stehenden, jung creme-, später ockerfarbenen Lamellen. Der 2–6 cm lange, relativ dicke Stiel ist zur Spitze hin erweitert und in der Stielmitte bauchig verdickt. **Vorkommen** Der Gallen-Täubling ist ein häufiger Laubwaldpilz und vorwiegend unter Rotbuchen, selten auch unter Eichen anzutreffen. Er kann gelegentlich aber auch im Nadelwald bei Fichten vorkommen. Die Pilze erscheinen oft in großen Mengen von Juli bis November. **Wissenswertes** Lassen Sie sich nicht vom Namen des Pilzes täuschen: Das Fleisch schmeckt brennend scharf und nicht gallenbitter. Wer nicht probieren will, kann riechen: Der Gallen-Täubling riecht etwas nach Apfelkompott.

Der Tipp für unterwegs
Oberflächlich betrachtet könnten Sie den Gallen-Täubling mit dem Ocker-Täubling verwechseln. Im Zweifelsfall verschafft eine Geruchs- oder eine ganz kleine Geschmacksprobe (ausspucken!) schnell Klarheit.

1

2

1 Pfeffer-Milchling
Lactarius piperatus

Merkmale Der 6–12 cm breite Hut des Langstieligen Pfeffer-Milchlings hat eine trichterförmig vertiefte Mitte und ist jung creme-weißlich, alt gelbbräunlich gefleckt. Die zarten, sehr dicht stehenden Lamellen sind weißlich bis elfenbeinfarben und an verletzten Stellen braunfleckig. Der hutfarbene Stiel ist 3–8 cm lang und zur Basis hin oft verschmälert. **Vorkommen** Der Pilz wächst von Juni bis Oktober in Laubwäldern. **Wissenswerts** Der Pfeffer-Milchling ist ungenießbar scharf.

Der Tipp für unterwegs
Der Pfeffer-Milchling sondert bei Verletzungen eine reinweiße Milch aus, die brennend scharf schmeckt.

2 Graugrüner Milchling
Lactarius blennius

Merkmale Dieser kleine Milchling trägt einen 4–7 cm breiten, mit zunehmendem Alter trichterförmigen, grau- bis olivgrünen oder graubraunen Hut mit mehr oder weniger konzentrisch angeordneten dunkleren Flecken, vor allem im Randbereich. Die dicht stehenden Lamellen sind bei jungen Pilzen fast weiß, bei älteren Exemplaren blass rahmgelb. Sie verfärben sich bei Druck graugrün. Der 3–6 cm lange Stiel ist heller als der Hut. **Vorkommen** Der Graugrüne Milchling ist ein typischer Laubwaldpilz, der von Juli bis November nur unter Buchen vorkommt. **Wissenswertes** Das Pilzfleisch hat einen unangenehm scharfen Nachgeschmack.

Der Tipp für unterwegs
Geheimtipp: Wo der Graugrüne Milchling vorkommt, da können Sie oftmals auch den essbaren Blassen Pfifferling finden.

3 Eichen-Milchling
Lactarius quietus

Merkmale Der 3–8 cm breite Hut dieses Milchlings ist lange gewölbt, bevor er sich flach trichterförmig ausbreitet. Er ist trüb rotbraun mit konzentrisch angeordneten Flecken. Die dicht stehenden Lamellen sind anfangs graurötlich, später blass rötlichbraun. Der 3–7 cm lange Stiel ist relativ breit und hutfarben. **Vorkommen** Dieser Milchling kommt von Juli bis Oktober vor und wächst meist gesellig. **Wissenswertes** Der Pilz sondert eine gelblich weiße Milch aus, riecht unangenehm nach Blattwanzen und schmeckt bitter.

Der Tipp für unterwegs
Nomen est omen: Der Eichen-Milchling wächst unter Eichen.

1

2

3

1 Flaschen-Stäubling

Lycoperdon perlatum (L. gemmatum)

Merkmale Der Flaschen-Stäubling ist ein kleiner, birnen- bis flaschenförmiger Pilz. Junge Pilze sind weißlich, ältere olivbraun. Der Fruchtkörper ist 2–8 cm hoch und 2–5 cm breit. Seine Oberfläche ist mit 2–3 mm langen weißen bis blassgrauen Stacheln besetzt, die von kleinen Wärzchen umgeben sind. Zum Stiel hin werden die Stacheln kleiner und spärlicher, im Alter fallen sie ab und lassen eine vieleckige Netzzeichnung zurück. **Vorkommen** Flaschen-Stäublinge erscheinen einzeln bis gesellig von Juni bis November im Laub- und Nadelwald. Sie können auch außerhalb des Waldes auf dem Erdboden oder auf morschem Holz wachsen. **Wissenswertes** Der Flaschen-Stäubling gehört zu den Bauchpilzen. Tritt man auf die reifen Fruchtkörper, die am Scheitel aufplatzen, dann wird eine auffällige braune Sporenwolke entlassen. Stäublinge sind nur essbar, solange ihr Fleisch weiß und fest ist.

Der Tipp für unterwegs

Junge Bauchpilze können mit den jungen eiförmigen Fruchtkörpern des Fliegenpilzes (siehe Seite 55) verwechselt werden. Diese zeigen im Schnitt jedoch eine rotgelbe Linie unter der Haut.

2 Stinkmorchel, Leichenfinger

Phallus impudicus

Merkmale Die Stinkmorchel entwickelt sich aus einem unterirdisch heranwachsenden 3–5 cm breiten, eiförmigen, weißlichen bis schmutzig cremefarbenen Fruchtkörper. Der Kopfteil an der Spitze des bis 20 cm langen Stiels ist glockig und mit einer dunkelgrünen bis olivbraunen Schleimschicht bedeckt, die sich bald verflüssigt und vom Hut herabtropft. **Vorkommen** Stinkmorcheln wachsen von Juni bis Oktober oft gesellig in Laub-, Misch- und Nadelwäldern, können aber auch in Parkanlagen vorkommen. **Wissenswertes** Mit dem aasartigen Geruch macht die Stinkmorchel schon von weitem auf sich aufmerksam. Der widerliche Geruch stammt von der Schleimschicht, die sich über den Hut ergießt. Sie lockt mit ihrem Aasgeruch Fliegen an (siehe Bild). Sie nehmen Schleim und Sporen auf und sorgen so für die Verbreitung des Pilzes.

Der Tipp für unterwegs

Wegen des aasartigen Geruchs und der dicken Schleimschicht am Hut wird sicherlich niemand auf die Idee kommen, den Pilz zu sammeln und zu essen.

1

2

1 Goldgelbe Koralle, Ziegenbart

Ramaria aurea

Merkmale Der Ziegenbart besitzt einen 12 cm hohen und 5–12 cm breiten Fruchtkörper. Aus einem kurzen, relativ massiven Strunk wachsen korallenförmige, goldgelbe Äste, die sich nach oben mehrfach verzweigen. Das Fleisch ist fest, weißlich und oft von wässrigen Schlieren durchzogen und marmoriert. Mit zunehmendem Alter (siehe im Bild links) verblasst der Pilz und geht in Zersetzung über. **Vorkommen** Die Goldgelbe Koralle erscheint von August bis Oktober im Laubwald. Sie wächst oftmals in Gruppen und Ringen vor allem unter Rotbuchen. **Wissenswertes** Die einzelnen Arten der Korallenpilze werden im Volksmund oft großzügig unter dem Begriff „Ziegenbärte" zusammengefasst. Da die meisten von ihnen leicht zu verwechseln sind, sollten Sie auf das Sammeln von Ziegenbärten verzichten. Die wenigen essbaren Arten besitzen mittlerweile schon Seltenheitswert und sollten daher besser geschützt werden.

Der Tipp für unterwegs
Da der Pilz von manchen Menschen nicht vertragen wird, und ältere Exemplare (siehe Bild rechts) mit der giftigen Bauchwehkoralle verwechselt werden könnten, sollten Sie diesen Pilz nicht sammeln.

2 Blasse Koralle, Bauchweh-Koralle

Ramaria pallida (R. mairei)

Merkmale Die Blasse Koralle besitzt einen großen graugelblichen bis milchkaffeefarbenen, stark verzweigten Fruchtkörper, der bis 20 cm hoch und breit werden kann. Die einzelnen Äste sind an den Spitzen oftmals lilafarben oder fleischrosa. Im Alter und an Druckstellen sind die Fruchtkörper oft braunfleckig. **Vorkommen** Diese Pilze bevorzugen feuchte, kalkhaltige und nährstoffarme Laub- und Nadelwälder. Hier wachsen sie von August bis Oktober oftmals in großen Mengen einzeln, in Gruppen oder Reihen, manchmal auch in größeren Ringen. **Wissenswertes** Schon der Volksname gibt einen Hinweis auf die Giftwirkung dieses Pilzes: Die Bauchweh-Koralle verursacht Bauchschmerzen, Erbrechen und Durchfall. Die Beschwerden treten eine halbe bis drei Stunden nach dem Verzehr der Pilzmahlzeit auf.

Der Tipp für unterwegs
Finger weg: Korallenpilze sind für den unerfahrenen Pilzsammler nur recht schwer zu unterscheiden!

1

2

1 Spitz-Morchel

Morchella elata (M. conica)

Merkmale Typisch für diese Art sind die spitzkegelige bis walzenförmige Form des Hutes und die mehr oder weniger parallel verlaufenden Längsrippen. Der Hut ist 3–10 cm hoch und 1,5–4 cm breit und grau- bis olivbraun. Der Stiel ist 3–6 cm lang, grubig-runzelig und weißlich bis hellbräunlich gefärbt. **Vorkommen** Die Spitz-Morchel erscheint von Februar bis Mai einzeln bis gesellig und kann in manchen Jahren in großen Mengen auftreten. Sie kommt außer in Auwäldern auch in wenig gepflegten Parkanlagen, alten Obstgärten, auf Brandstellen und Holzlagerplätzen vor. **Wissenswertes** Morcheln sind an ihrem typischen wabenartig gekammerten Hut sehr gut zu erkennen, im Falllaub aber nur schlecht auszumachen. Der Pilz ist innen hohl. Das etwas knorpelige Pilzfleisch ist sehr wohlschmeckend und eignet sich gut zum Trocknen. Empfindliche Personen sollten Morcheln abkochen und das Kochwasser weggießen. Nutzen Sie „gute" Morchel-Jahre und trocknen Sie die Pilze.

Der Tipp für unterwegs
Auf Böden mit frischem Rindenmulch erscheinen Spitz-Morcheln oft zu Hunderten, allerdings nur 1–2 Jahre, dann verschwinden sie auf Nimmerwiedersehen.

2 Speise-Morchel, Rund-Morchel

Morchella esculenta (M. vulgaris)

Merkmale Die Speise-Morchel hat einen rundlich-eiförmigen, oftmals stumpf-kegeligen, hell- bis gelblichbraunen Hut, der 4–12 cm hoch und 3–8 cm breit ist. Er sitzt auf einem weißlich bis blassgelben, 3–9 cm langen, wellig gefurchten Stiel. **Vorkommen** Speise-Morcheln erscheinen von April bis Mai einzeln oder gesellig in Laub- und Auenwäldern. Man findet den Pilz auch auf sandigem Gelände, im Gebüsch und Unterholz, entlang von Hecken oder in Parkanlagen. **Wissenswertes** Manche Menschen reagieren empfindlich auf diesen schmackhaften Pilz. Er sollte daher vor dem Verzehr gut gekocht und nur in kleinen Mengen gegessen werden. Morcheln lassen sich sehr gut trocknen. Die getrockneten Pilze verlieren auch nach längerer Lagerung nichts von ihrem aromatischen Geschmack.

Der Tipp für unterwegs
Speise-Morcheln bevorzugen Flussauen mit vielen Erlen. Da sie sehr standorttreu sind, wird jeder Pilzsammler seine Fundorte tunlichst geheim halten.

1

2

1 Herbst-Lorchel

Helvella crispa

Merkmale Die Herbst-Lorchel ist ein ungewöhnlich aussehender, zerbrechlicher Pilz. Der gesamte Fruchtkörper kann bis 15 cm hoch werden. Der weißliche, hellgelbliche oder hellbräunliche Hut ist sattelförmig oder unregelmäßig zwei- bis dreilappig. Die Lappen sind am Rand aufgebogen und nicht mit dem Stiel verwachsen. Der weißliche Stiel ist 3–8 cm lang, tief längsrippig gefurcht, gekammert und hohl. **Vorkommen** Herbst-Lorcheln erscheinen von August bis November einzeln oder gesellig in Laub- und Mischwäldern. Der Pilz wächst oft in großen Gruppen an frisch feuchten und lichten Stellen, zwischen Gräsern und Kräutern, an Wald- und Wegrändern, unter Buchen, Eichen oder Haselsträuchern. **Wissenswertes** In rohem Zustand ist die Herbst-Lorchel auf jeden Fall giftig. Sehr gut gekocht könnte sie gegessen werden, sicherheitshalber sollten Sie aber auf den Verzehr ganz verzichten.

Der Tipp für unterwegs
Wegen seiner hellen Färbung ist der Pilz vor allem zwischen dem Falllaub von Rotbuchen gut zu erkennen. Erfreuen Sie sich an diesem hübschen Pilz und lassen Sie ihn stehen.

2 Gruben-Lorchel

Helvella lacunosa

Merkmale Die Gruben-Lorchel könnte als dunkle Ausgabe der Herbst-Lorchel angesehen werden. Der grau- oder braunschwarze Hut ist 2–7 cm hoch, beulig-zipfelig und besteht meist aus 2–3 gewundenen oder verbogenen Lappen, deren Ränder am Stiel angewachsen sind. Der graubraune Stiel ist 2–7 cm lang, tief längs gefurcht und innen hohl. **Vorkommen** Die Gruben-Lorchel wächst von Juli bis Oktober gerne einzeln bis gesellig an Wegrändern in Laub- und Nadelwäldern. **Wissenswertes** Die giftverdächtigen Substanzen dieses Pilzes werden zwar bei längerem Kochen vernichtet, trotzdem sollten zumindest empfindliche Personen auf den Verzehr von Lorcheln verzichten. Das düstere Aussehen der Gruben-Lorchel wird aber sowieso viele Pilzfreunde vom Sammeln abhalten.

Der Tipp für unterwegs
Wegen ihrer dunklen Färbung ist die Gruben-Lorchel längst nicht so auffällig wie die Herbst-Lorchel. Sie ist daher leicht zu übersehen.

1

2

1 Gemeiner Morchelbecherling

Disciotis venosa (D. reticulata)

Merkmale Der 3–15 cm breite Fruchtkörper des Gemeinen Morchelbecherlings ist zunächst halbkugelig, bald aber schüsselförmig ausgebreitet. Die gelb-, grau- oder dunkelbraune Innenseite ist zur Mitte hin radial mit Falten und Runzeln überzogen. Die Außenseite ist heller und im Alter durch aufsteigende Stielrippen oft aderig. Der kurze, breite Stiel steckt oft im Boden oder fehlt ganz. Das weißliche bis hellbräunliche Fleisch ist wachsartig, dünn und riecht deutlich nach Chlor. **Vorkommen** Der Gemeine Morchelbecherling ist ein Frühjahrspilz, der von März bis Mai einzeln oder in Gruppen vor allem an feuchten Stellen im Laubwald, aber auch in Bachschluchten und Auenwäldern anzutreffen ist. **Wissenswertes**. Der Gemeine Morchelbecherling ist ein ausgezeichneter, an Form und Geruch leicht kenntlicher Speisepilz. Sie sollten ihn allerdings gut abkochen – dabei verliert sich auch der Chlorgeruch.

Der Tipp für unterwegs
Der Gemeine Morchelbecherling ähnelt dem ebenfalls im Frühjahr erscheinenden giftigen Violetten Kronenbecherling. Ziehen Sie Ihre Nase zu Rate: Der Violette Kronenbecherling riecht nicht nach Chlor.

2 Violetter Kronenbecherling, Kronenbecherling

Sarcosphaera coronaria (S. crassa)

Merkmale Der Fruchtkörper des Violetten Kronenbecherlings wächst als geschlossene Kugel im Boden heran. Mit zunehmendem Alter ragt er aus dem Boden heraus und reißt dann am Scheitel sternförmig auf. Die entstehenden Lappen biegen sich dabei nach außen. Die Innenseite ist violett bis braunviolett, verblasst jedoch mit zunehmendem Alter. Die Außenseite ist schmutzig weißlich. Ein Stiel ist kaum ausgebildet. **Vorkommen** Der Violette Kronenbecherling wächst von Mai bis Juli in Laub- und Nadelwäldern, wo er einzeln oder gesellig, oft sogar nesterweise vorkommt. Er bevorzugt Kalk- und Mergelböden in lichten Wäldern, kommt aber auch in Parkanlagen oder auf Heiden vor. In höheren Lagen findet man ihn zuweilen auch in Fichtenwäldern. **Wissenswertes** Der Kronenbecherling ist roh, aber auch gut gekocht giftig.

Der Tipp für unterwegs
Der Violette Kronenbecherling ist die größte mitteleuropäische Becherlings-Art und daher leicht zu erkennen.

1

2

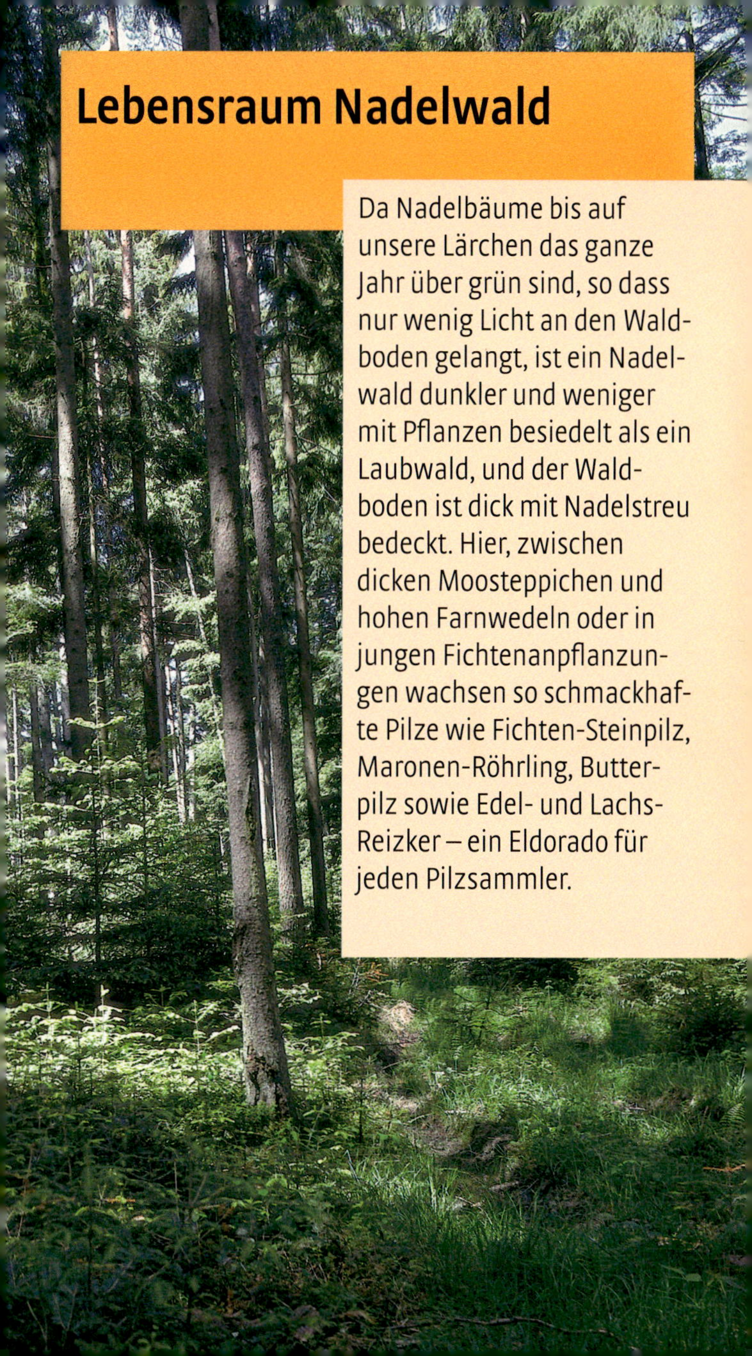

Lebensraum Nadelwald

Da Nadelbäume bis auf unsere Lärchen das ganze Jahr über grün sind, so dass nur wenig Licht an den Waldboden gelangt, ist ein Nadelwald dunkler und weniger mit Pflanzen besiedelt als ein Laubwald, und der Waldboden ist dick mit Nadelstreu bedeckt. Hier, zwischen dicken Moosteppichen und hohen Farnwedeln oder in jungen Fichtenanpflanzungen wachsen so schmackhafte Pilze wie Fichten-Steinpilz, Maronen-Röhrling, Butterpilz sowie Edel- und Lachs-Reizker – ein Eldorado für jeden Pilzsammler.

1 Hohlfuß-Schuppenröhrling

Boletinus cavipes

Merkmale Der gelb-, gold- bis rostbraune, filzig-schuppige Hut des Hohlfuß-Röhrlings ist 4–10 cm breit, anfangs stumpfkegelig, dann abgeflacht mit leicht eingedrückter Mitte und oft gebuckelt. Junge Poren sind gelb, alte grüngelb. Der zylindrische Stiel ist 5–8 cm lang und mit faserigen Schüppchen besetzt. **Vorkommen** Der Pilz erscheint von Juli bis Oktober unter Lärchen. **Wissenswertes** Das weißgelbliche Fleisch ist im Schnitt nicht blauend.

Der Tipp für unterwegs

Das Typische dieses Röhrlings ist der von Anfang an hohle Stiel (siehe Bild), der dem Pilz auch seinen Namen gab.

2 Gold-Röhrling

Suillus grevillei (S. flavus)

Merkmale Der Gold-Röhrling ist an seinem goldgelben bis orangebraunen, schmierigen Hut leicht zu erkennen. Der Hut ist 5–15 cm breit, jung halbkugelig, dann polsterförmig, im Alter ausgebreitet. Poren und Röhren sind erst hell-, später bräunlichgelb. Der kräftige, gelbe Stiel ist 4–12 cm lang und trägt im oberen Teil eine schleimige Ringzone, die mit zunehmendem Alter verschwindet. Unterhalb des Rings ist der Stiel bräunlich gefasert bis flockig. **Vorkommen** Der Gold-Röhrling erscheint von Juni bis Oktober. **Wissenswertes** Das gelbe Fleisch verfärbt sich im Anschnitt langsam rosaviolettlich, blaut aber nicht.

Der Tipp für unterwegs

Wenn Sie den Gold-Röhrling finden wollen, dann müssen Sie im Nadelwald nur nach Lärchen – dem Partnerbaum dieses Röhrlings – Ausschau halten.

3 Grauer Lärchen-Röhrling

Suillus viscidus (S. aeruginascens)

Merkmale Der Graue Lärchenröhrling hat einen 4–10 cm breiten, graugrünlichen bis graubraunen Hut. Röhren und Poren sind erst grauweiß, dann graubraun. Der zylindrische, hutfarbene Stiel ist 4–10 cm lang und trägt im oberen Teil einen dünnen, vergänglichen Ring. **Vorkommen** Dieser Röhrling erscheint von Juli bis Oktober einzeln bis gesellig unter Lärchen. **Wissenswertes** Typisch sind die grauen Farbtöne und der Partnerbaum, die Lärche.

Der Tipp für unterwegs

Sie könnten ganz junge Graue Lärchen-Röhrlinge mit Gold-Röhrlingen verwechseln. Beide Arten sind essbar – also kein Problem.

1

2

3

1 Kuh-Röhrling

Suillus bovinus

Merkmale Dieser Röhrling hat einen 4–8 cm breiten Hut mit klebriger bis schmieriger Oberfläche, die gelb-, orange- oder rötlichbraun gefärbt ist. Röhren und Poren sind grau- bis olivgelb. Der 2–6 cm lange, ockerfarbene bis gelbliche Stiel ist zäh, ohne Ring und zur Basis hin oft braunrötlich gefärbt. **Vorkommen** Kuh-Röhrlinge erscheinen von Juli bis November meist gesellig in enger Verbindung mit Kiefern. **Wissenswertes** Der ähnliche Sand-Röhrling hat dichter stehende Poren.

Der Tipp für unterwegs
Kuh- oder Sand-Röhrlinge finden Sie nur unter Kiefern! Beide Arten ähneln sich sehr.

2 Sand-Röhrling

Suillus variegatus

Merkmale Der Sand-Röhrling trägt einen 6–15 cm breiten, schmutzig-, braun- oder ockergelben Hut, der mit zahlreichen, an Sandkörnchen erinnernde Schüppchen bedeckt ist (Name!). Die blassgelben Röhren blauen schwach im Schnitt. Der gelbbraune Stiel ist 5–10 cm lang und zur Basis hin oft verdickt. Er trägt keinen Ring und ist feinfilzig überzogen. Das dünne, gelbliche Fleisch blaut im Schnitt meist schwach. **Vorkommen** Der Sand-Röhrling erscheint von Juli bis November oftmals in großer Anzahl in Kiefernwäldern. **Wissenswertes** Auch bei Feuchtigkeit ist die Huthaut nicht schmierig.

Der Tipp für unterwegs
Typisch für diesen Röhrling sind das gelbe, im Schnitt leicht blauende Fleisch und der leicht säuerliche Geruch. Sammeln Sie nur junge Exemplare, die schmecken am besten.

3 Körnchen-Röhrling, Schmerling

Suillus granulatus

Merkmale Der 4–10 cm breite Hut des Körnchen-Röhrlings ist gelb- bis rotbraun und feucht stark schmierig. Die blassgelben Poren scheiden oftmals milchige Wassertröpfchen ab (siehe Bild). Der weißlich-gelbe, ringlose Stiel ist 4–10 cm lang. Das gelbliche Fleisch verfärbt im Schnitt nicht. **Vorkommen** Körnchen-Röhrlinge erscheinen von Juni bis Oktober in Kiefernwäldern. **Wissenswertes** Der Pilz ist essbar, hat oft aber abführende Wirkung.

Der Tipp für unterwegs
Achten Sie auf die Guttationströpfchen im oberen Stielteil, angetrocknet bilden sie körnchenartige Erhebungen.

1

2

3

1 Butterpilz, Butter-Röhrling

Suillus luteus

Merkmale Auch der Butterpilz gehört zu den Schmierröhrlingen. Sein 5–12 cm breiter Hut ist gelb- bis schokoladenbraun und bei Feuchtigkeit durch seine Schleimschicht graulila getönt. Bei jungen Pilzen ist der Hutrand anfangs mit dem Stiel durch einen häutigen Schleier verbunden (siehe Bild). Bei älteren Pilzen bleibt der Schleier als Ring am Stiel und färbt sich durch herabfallendes Sporenpulver im Laufe der Zeit violettbraun. Die Röhrenschicht ist bei jungen Exemplaren leuchtend zitronengelb, bei älteren Pilzen olivgelb. Der gelbliche, etwas keulig verdickte Stiel ist 3–6 cm lang. Das zarte Fleisch (Name!) hellgelb. **Vorkommen** Der Butterpilz kommt von Juni bis November vor. Er wächst vor allem unter zweinadeligen Kiefern, kann sehr selten aber auch unter Fichten und Lärchen gefunden werden. **Wissenswertes** Verwenden Sie nur die gelben Teile des Pilzes zum Kochen, und ziehen Sie die Huthaut vor der Zubereitung ab.

Der Tipp für unterwegs

Vom ähnlichen Körnchen-Röhrling (siehe Seite 85) können Sie den Butterpilz anhand seines stark ausgeprägten Stielrings unterscheiden.

2 Maronen-Röhrling

Xerocomus badius

Merkmale Der Maronen-Röhrling trägt einen 3–12 cm breiten, schokoladen- bis dunkelbraunen Hut. Die blassgelblichen bis gelbgrünen Poren verfärben sich auf Druck rasch blaugrün. Der 5–10 cm lange, meist zylindrische Stiel ist auf hellerem Grund bräunlich längs gefasert und ohne Netz. Er ist an der Basis heller bis weißlich. Das dicke, weißliche bis blassgelbe Fleisch ist im Schnitt etwas blauend. **Vorkommen** Maronen-Röhrlinge kommen von Juni bis November hauptsächlich in Nadelwäldern vor. Er wächst einzeln bis gesellig und bevorzugt saure Böden. **Wissenswertes** Seit Tschernobyl zeigt der Maronen-Röhrling bis heute in vielen Regionen noch sehr hohe radioaktive Werte. Erkundigen Sie sich deshalb bei Ihren örtlichen Pilzberatungsstellen nach den für Ihr Gebiet gemessenen Werten.

Der Tipp für unterwegs

Der Maronen-Röhrling wächst gerne im Moos. Sie erkennen ihn leicht am samtig braunen Hut, dem bräunlich gefaserten Stiel und der Blaufärbung der Poren.

1

2

1 Fichten-Steinpilz, Steinpilz, Herrenpilz

Boletus edulis

Merkmale Der Steinpilz gehört zu den beliebtesten und wohl auch bekanntesten Speisepilzen. Der große, wildlederartige, hell- bis dunkelbraune Hut ist 5–25 cm breit und fleischig. Die langen Röhren sind anfangs weißlich, später gelbgrünlich. Der 5–20 cm lange, kräftige Stiel ist bei jungen Pilzen meist bauchig, bei älteren Exemplaren zylindrisch. Er ist im oberen Teil hellbräunlich mit hellerem Adernetz, zur Basis hin weißlich mit weniger deutlichem bis fehlendem Netz. Das weißliche Fleisch ist fest, von angenehmem Geruch und mildem, nussartigem Geschmack. **Vorkommen** Steinpilze erscheinen von Juli bis Oktober in Nadelwäldern, seltener auch in Laubwäldern. **Wissenswertes** In manchen Jahren kann der Fichten-Steinpilz in jungen Fichtenschonungen massenhaft auftreten, im Folgejahr sucht man ihn vergebens. Jahre darauf tritt er wieder in Mengen auf – ein bisher noch ungeklärtes Phänomen.

Der Tipp für unterwegs

Fichten-Steinpilz oder Gallenröhrling? Das ist vom Aussehen her nicht immer leicht zu unterscheiden. Hier hilft nur Ihr Gaumen.

2 Gallenröhrling

Tylopilus felleus

Merkmale Der Gallenröhrling hat einen 5–20 cm breiten, hell- bis dunkelbraunen Hut mit leicht gewelltem Rand. Die Röhrenschicht ist leicht ablösbar, weißlich bis blass rosafarben und an Druckstellen schmutzig bräunlich verfärbend. Der Stiel ist 5–15 cm lang und 2–5 cm dick, leicht bauchig, etwas heller in der Färbung als der Hut und trägt eine ausgeprägte dunkle Netzzeichnung. **Vorkommen** Gallenröhrlinge sind weit verbreitete und häufige Pilze. Sie kommen einzeln oder gesellig von Juni bis Oktober hauptsächlich in Nadelwäldern vor, können aber auch in Laub- und Laubmischwäldern wachsen. **Wissenswertes** Gallenröhrlinge sind gallebitter (Name!) und daher ungenießbar. Schon ein einziger, versehentlich in ein Pilzgericht geratener Pilz macht das ganze Essen ungenießbar.

Der Tipp für unterwegs

Zum Erkennen von Gallenröhrlingen hilft Ihnen eine kleine Geschmacksprobe – die lässt keinen Zweifel offen.

1

2

1 Großer Gelbfuß, Kuhmaul

Gomphidius glutinosus

Merkmale Der 5–8 cm breite, violettgraue bis graulilafarbene Hut des Großen Gelbfuß ist anfangs halbkugelig, bald jedoch schwach gewölbt. Hut und Lamellen sind anfangs von einer schleimig-glasigen Haut überzogen, die beim Aufschirmen abreißt und als abziehbare Schleimschicht auf dem Hut und als Schleimwulst am Stiel zurückbleibt. Die dicken, wachsartigen Lamellen sind bei ganz jungen Pilzen weißlich, später aschgrau bis schwärzlich. Der 5–8 cm lange, stark schleimige, weißliche Stiel ist oben eingeschnürt und an der Basis meist verdickt und intensiv gelb. **Vorkommen** Der Große Gelbfuß kommt stets unter Fichten vor und kann sowohl im Nadel- als auch im Mischwald angetroffen werden. Er erscheint von Juli bis Oktober. **Wissenswertes** Das Kuhmaul bekam seinen Namen sehr treffend wegen seiner rundum schleimigen Beschaffenheit. Die lebhaft gelbe Färbung der Stielbasis führte zum Namen Großer Gelbfuß.

Der Tipp für unterwegs
Ziehen Sie auf alle Fälle schon beim Sammeln die schleimige Huthaut ab, sonst klebt das Sammelgut im Korb mit Nadeln und Humusresten zusammen.

2 Frost-Schneckling

Hygrophorus hypothejus

Merkmale Der Frost-Schneckling hat einen 2–4 cm breiten, abgeflachten bis vertieften Hut mit kleinem Buckel. Die gelbbraune bis braunolive Oberfläche ist feucht mit einer dicken Schleimschicht überzogen. Die Lamellen stehen weit auseinander und sind erst weißlich, bald hellocker und alt orangegelb. Der schlanke, gelbliche Stiel ist 4–7 cm lang, schmierig-schleimig und trägt eine vergängliche weißliche ringartige Zone. **Vorkommen** Der Frost-Schneckling ist vom Spätherbst bis zum Winter nach den ersten Frösten einzeln oder gesellig in Kiefernwäldern auf sandigen, mageren Böden anzutreffen und kommt gebietsweise recht häufig vor. **Wissenswertes** Wegen seiner ausgeprägten Färbung, der späten Erscheinungszeit und dem ausschließlichen Vorkommen unter Kiefern ist der Pilz unverwechselbar.

Der Tipp für unterwegs
Weil er noch sehr spät im Jahr erscheint, ist der Frost-Schneckling bei Pilzsammlern recht beliebt, obwohl der Geschmack nicht überragend ist.

1

2

1 Lärchen-Schneckling

Hygrophorus lucorum

Merkmale Der Lärchen-Schneckling hat einen 2–6 cm breiten Hut, der lebhaft zitronengelb gefärbt ist, zur Mitte hin aber dunkler wird und später ausblasst. Die Lamellen sind erst weißlich, später gelblich. Der 4–7 cm lange Stiel ist schlank, längsfaserig, blassgelb und jung mit vergänglichen weißlichen Hüllresten bedeckt. **Vorkommen** Der Lärchen-Schneckling erscheint von September bis November. **Wissenswertes** Leicht erkennbarer Schneckling.

Der Tipp für unterwegs
Der schmierige, zitronengelbe Hut und sein Vorkommen unter Lärchen machen den Pilz unverwechselbar.

2 Wohlriechender Schneckling

Hygrophorus agathosmus

Merkmale Der Wohlriechende Schneckling trägt einen 4–8 cm breiten, hell- bis dunkelgrauen, gewölbten bis abgeflachten Hut mit flachem Buckel, der wie bei den meisten Schnecklingen schmierig ist. Die dicken, entfernt stehenden Lamellen sind jung weißlich, später blassgraulich. Der weißliche bis blassgraue, schlanke Stiel ist 5–8 cm lang und zur Spitze hin mit kleiigen weißen Flöckchen besetzt. **Vorkommen** Der Wohlriechende Schneckling wächst meist gesellig von August bis November in moosigen Berg-Nadelwäldern, besonders unter Fichten. **Wissenswertes** Der aromatische Geruch nach Marzipan ist ein untrügliches Kennzeichen.

Der Tipp für unterwegs
Um den ähnlichen Schwarzpunktierten Schneckling zu unterscheiden, müssen Sie Ihre Nase einsetzen:Er riecht nicht nach Marzipan.

3 Schwarzpunktierter Schneckling

Hygrophorus pustulatus

Merkmale Das typische Merkmal dieses Schnecklings: Der weißliche, 4–8 cm lange Stiel ist mit schwarzbraunen Pusteln besetzt. Der 1–4 cm breite Hut ist abgeflacht und leicht gebuckelt und von graubrauner Färbung mit dunklerer Mitte. Die Lamellen sind dick und weiß. **Vorkommen** Dieser Schneckling erscheint von September bis November. **Wissenswertes** Die graue Färbung ist für die meist lebhaft gefärbten Schnecklinge eher ungewöhnlich.

Der Tipp für unterwegs
Den Schwarzpunktierten Schneckling finden Sie vor allem in Bergwäldern unter Fichten zwischen Moosen.

1

2

3

1 Wasserfleckiger Rötelritterling

Lepista gilva (L. flaccida f. gilva)

Merkmale Der Wasserfleckige Rötelritterling hat einen 3–8 cm breiten, blassgelben bis hell ockergelben Hut. Dieser ist zunächst flach gewölbt und am Rand eingerollt, später etwas vertieft bis niedergedrückt. Er trägt oftmals mehr oder weniger konzentrisch angeordnete, dunkle ockerfarbene Wasserflecken (Name!). Die weißlich gelben, dünnen Lamellen stehen sehr dicht beieinander (siehe Bild) und verfärben sich mit zunehmendem Alter blass rötlichocker. Der 2–7 cm lange Stiel ist hutfarben oder blasser und an der Basis weißfilzig mit Substrat verbunden (siehe Bild). **Vorkommen** Der Wasserfleckige Rötelritterling wächst von August bis Oktober manchmal in großer Zahl in Reihen oder Ringen im Nadelwald. Er kann aber auch unter Laubbäumen vorkommen. **Wissenswertes** Blass ockerfarbene Exemplare des Fuchsigen Rötelritterlings (siehe Seite 33) sind sehr ähnlich. Beide Arten sind jedoch essbar.

Der Tipp für unterwegs
Da der Pilz mit dem Bleiweißen Firnistrichterling verwechselt werden könnte, sollten Sie besser auf ihn verzichten.

2 Bleiweißer Firnistrichterling

Clitocybe phyllophila (C. cerusata)

Merkmale Der Bleiweiße Firnistrichterling ist einer der zahlreichen mittelgroßen weißen Giftpilze. Der flach gewölbte bis niedergedrückte, bisweilen leicht gebuckelte Hut ist 3–8 cm breit und am Rand lange eingebogen. Er ist jung firnisartig bereift, alt gelblich und oft in konzentrischen Zonen aufgesprungen. Die dicht gedrängt stehenden Lamellen sind zunächst weißlich, aber bald cremefarben. Der 3–6 cm lange, zylindrische Stiel ist weiß bereift und an der Basis etwas keulig. **Vorkommen** Der Bleiweiße Firnistrichterling ist ein geselliger Pilz, der oft in Ringen oder Gruppen wächst. Er erscheint von August bis Dezember, kann in milden Wintern aber auch noch bis ins neue Jahr hinein gefunden werden. **Wissenswertes** Dieser giftige Pilz enthält Muscarin. Vergiftungserscheinungen treten bis zu vier Stunden nach dem Verzehr auf.

Der Tipp für unterwegs
Unerfahrene Pilzsammler sollten sicherheitshalber Lamellenpilze mit weißen Hüten stehen lassen.

1

2

1 Purpurfilziger Holzritterling
Tricholomopsis rutilans

Merkmale Der Purpurfilzige Holzritterling ist ein sehr auffälliger Pilz mit seinem purpurroten bis rötlich-violetten Hut und den lebhaft chromgelben Lamellen (siehe Bild). Der Hut ist 5–15 cm breit, jung stumpfkegelig-gewölbt, später dann ausgebreitet und oft mit einem stumpfen Buckel. Die Oberfläche junger Pilze ist fein purpurfilzig, mit zunehmendem Alter bricht die Huthaut in Schüppchen auf, und wenn der Hut sich ausbreitet, wird zunehmend die gelbe Grundfarbe sichtbar. Der zylindrische Stiel ist 5–12 cm lang und wie der Hut auf gelbem Grund rötlich schuppig-flockig. Die Stielspitze ist gelblichweiß. **Vorkommen** Der Purpurfilzige Holzritterling erscheint von Juni bis November im Nadelwald. Er wächst einzeln oder in Büscheln an Wurzeln und morschen Stümpfen von Nadelhölzern, meist an Kiefern oder Fichten. **Wissenswertes** Zu den Holzritterlingen zählen vier saprophytisch auf Holz wachsende Arten. Alle sind ungenießbar.

Der Tipp für unterwegs
Mit seinen leuchtenden Farben können Sie diesen Pilz praktisch nicht verwechseln. Er sieht zwar verlockend aus, schmeckt aber muffig.

2 Orangeroter Ritterling
Tricholoma aurantium

Merkmale Der Orangerote Ritterling fällt durch seine lebhaft orangerote bis orangebraune Hutfarbe deutlich auf. Der 5–12 cm breite Hut ist ausgebreitet bis niedergedrückt und oft flach gebuckelt. Der Hutrand ist lange eingerollt und später wellig verbogen. Die dicht stehenden Lamellen sind jung weiß, später cremefarben und rotbraun fleckend. Der zylindrische, helle Stiel ist 5–8 cm lang und mit dicht stehenden, fast konzentrisch angeordneten orangeroten Schuppen besetzt. Zur Spitze hin trägt er eine scharf abgegrenzte weiße Zone. **Vorkommen** Orangerote Ritterlinge erscheinen von August bis November einzeln oder gesellig, gelegentlich auch im Laubwald. **Wissenswertes** Hutrand und Stielspitze sind im Wachstum oft mit orange- bis bernsteinfarbenen Tröpfchen besetzt (siehe Bild).

Der Tipp für unterwegs
Der Pilz riecht mehlartig oder nach Gurken. Er schmeckt bitter und ist zum Verzehr ungeeignet.

1

2

1 Erd-Ritterling

Tricholoma terreum

Merkmale Der Erd-Ritterling gehört zu einer Gruppe schwer bestimmbarer dunkelhütiger Ritterlinge. Sein mausgrau bis nahezu schwarzer, radial gefaserter Hut ist 3–8 cm breit, anfangs glockig, dann ausgebreitet mit stumpfem Buckel. Die grau-weißlichen Lamellen stehen ziemlich eng beieinander. Der zylindrische Stiel ist 3–8 cm lang und weiß bis blassgrau gefärbt. Das weißliche bis grauweiße Fleisch ist dünn und zerbrechlich. **Vorkommen** Erd-Ritterlinge erscheinen von September bis November in Nadel- und Mischwäldern. Sie wachsen in größeren Gruppen vor allem in Kiefernwäldern auf kalkhaltigen und sandigen Böden. Bei milder Witterung erscheint der Erd-Ritterling oft noch nach den ersten Frösten massenhaft und liefert dem Pilzsammler ergiebige Ausbeuten. **Wissenswertes** Sammeln Sie nur junge Pilze, ältere Exemplare sind leicht brüchig und auch nicht mehr so schmackhaft.

Der Tipp für unterwegs
Vorsicht: Erd-Ritterlinge können mit jungen, dunkel gefärbten Brennend scharfen Ritterlingen verwechselt werden!

2 Brennend scharfer Ritterling

Tricholoma virgatum

Merkmale Der Brennendscharfe Ritterling hat einen 3–5 cm breiten, jung spitzkegeligen, später ausgebreiteten Hut mit spitzem Buckel. Die seidige Oberfläche ist auf aschgrauem bis metallisch grauem Grund dunkel radialfaserig. Die dicht stehenden Lamellen sind grau. Der 5–8 cm lange Stiel ist zylindrisch bis schwach verdickt, weiß bis aschgrau und faserig. Das weißliche Fleisch ist unter der Huthaut grau. **Vorkommen** Brennendscharfe Ritterlinge erscheinen von Sommer bis Herbst. Sie wachsen vorwiegend in Nadelwäldern, bevorzugt an bodensauren Standorten. Hin und wieder können sie aber auch unter Laubbäumen angetroffen werden, vor allem in Bergmischwäldern. **Wissenswertes** Der Pilz ist nicht nur brennend scharf im Geschmack (Name!), er ist auch giftig und verursacht Übelkeit, Erbrechen und Magen-Darm-Erkrankungen.

Der Tipp für unterwegs
Eine kleine Kostprobe (ausspucken!) zeigt es gleich: Schon wegen des brennend scharfen Geschmacks ist der Pilz nicht essbar.

1

2

1 Dunkler Hallimasch

Armillaria ostoyae (A. polymyces)

Merkmale Der Dunkle Hallimasch ist ein auffälliger Pilz mit relativ großen Hüten. Junge Hüte sind halbkugelig, ältere gewölbt bis ausgebreitet bis 10 cm, manchmal sogar 15 cm breit. Die fleischfarbene bis rötlich braune Oberfläche ist mit dunkleren, abwischbaren Schüppchen bedeckt. Der Hutrand ist heller und relativ lang eingebogen, bei alten Pilzen dann gerieft. Die Lamellen sind zunächst weißlich bis hellbräunlich, im Alter rotbraun gefleckt. Der zähe Stiel ist bis 15 cm lang und 2–3 cm breit. Er ist längsfaserig, weißlich und zur Basis hin bräunlich und trägt im oberen Teil einen abstehenden, weißlichen, unterseits bräunlich beschuppten Ring. **Vorkommen** Der Dunkle Hallimasch erscheint von August bis November innerhalb und außerhalb der Wälder an lebendem und abgestorbenem Nadel-, selten auch Laubholz. **Wissenswertes** Der Pilz ist ein gefürchteter Holzschädling, da er auch gesunde Bäume besiedelt und deren Holz zerstört.

Der Tipp für unterwegs

Der Dunkle Hallimasch wächst meist in mehr oder weniger großen Büscheln. Junge Pilze können Sie gut gekocht (Kochwasser abschütten) essen, rohe Pilze sind giftig!

2 Fichtenzapfen-Nagelschwamm

Strobilurus esculentus

Merkmale Der Fichtenzapfen-Nagelschwamm ist ein kleiner, aber meist in Mengen vorkommender Pilz. Sein hell- bis dunkelbrauner Hut ist 1–4 cm breit, jung gewölbt, später ausgebreitet und bisweilen etwas gebuckelt. Die dicht stehenden Lamellen sind weißlich bis blassgrau. Der dünne, zähe Stiel ist 2–8 cm lang, jung weißlich, später nach unten zu gelb bis rostbraun, nach oben heller. Er endet in einer langen, faserigen Wurzel, die von einem im Humus liegenden Fichtenzapfen ausgeht. **Vorkommen** Der Fichtenzapfen-Nagelschwamm erscheint von März, manchmal auch schon früher, bis Mai in großer Anzahl auf vergrabenen Fichtenzapfen. **Wissenswertes** Der ähnliche, aber bittere Kiefernzapfen-Nagelschwamm (*S. tenacellus*), wächst ausschließlich auf Kiefernzapfen.

Der Tipp für unterwegs

Der zarte Pilz kann bei günstiger Witterung in großen Mengen auftreten, so dass sich das Einsammeln für ein kleines Gericht lohnt – nur die zarten Hüte sind genießbar, die langen, dünnen Stiele sind zäh.

1

2

1 Safran-Riesenschirmpilz

Macrolepiota rachodes

Merkmale Der Safran-Riesenschirmling ist ein auffälliger, großer Lamellenpilz mit geschupptem Hut und verschiebbarem Ring am Stiel. Der 7–15 cm breite Hut ist bei jungen Pilzen zunächst eiförmig, dann halbkugelig gewölbt und schließlich flach ausgebreitet. Die Hutoberfläche ist braun oder graubraun und mit großen aufgebogenen Schuppen bedeckt. Die Hutmitte ist glatt und ockerbraun. Die weißen bis cremeweißen Lamellen stehen dicht gedrängt. Der zylindrische Stiel ist 9–15 cm lang. Er ist bei jungen Pilzen weißlich bis bräunlich, bei älteren Exemplaren schmutzig bräunlich. Er trägt einen beweglichen doppelt gerandeten Ring, die weißliche Basis ist knollig verdickt. **Vorkommen** Die Pilze erscheinen von Juli bis November einzeln oder in kleinen Gruppen im Nadel-, seltener im Laubwald, können aber auch an Waldwegen, in Parkanlagen und Gärten vorkommen. **Wissenswertes** Sammeln und essen Sie nur die Hüte, die Stiele sind zäh.

Der Tipp für unterwegs

Der Safran-Riesenschirmpilz unterscheidet sich von anderen Riesenschirmlingen dadurch, dass sich sein Fleisch im Schnitt safran- bis orangefarben verfärbt.

2 Jungfern-Riesenschirmling

Macrolepiota puellaris

Merkmale Der Jungfern-Riesenschirmling ist nicht ganz so groß. Sein Hut wird nur 4–8 cm breit. Er ist auf weißem Grund mit mehr oder weniger konzentrisch angeordneten, anfangs weißlichen, später zur Mitte hin hell graubraunen Schuppen besetzt. Die Hutmitte ist glatt und hell graubraun. Die breiten Lamellen sind erst weiß, später blass gelbbräunlich mit Rosatönen. Der 7–12 cm lange Stiel ist zunächst weiß, dann ledergelblich. Er trägt im oberen Teil einen Ring und ist an der Basis knollig verdickt. **Vorkommen** Dieser Riesen-Schirmling ist ein Pilz der Berg-Nadelwälder. Er erscheint vom Sommer bis Herbst. **Wissenswertes** Beim Jungfern-Riesenschirmling sind die Lamellen – wie bei allen Riesen-Schirmpilzen – frei, das heißt, nicht am Stiel angewachsen. Das Fleisch verfärbt sich im Schnitt nicht.

Der Tipp für unterwegs

Den Jungfern-Riesenschirmling finden Sie häufig an moosigen Stellen in Berg-Nadelwäldern. Er ist kein Speisepilz und schon wegen seiner Seltenheit zu schonen.

1

2

1 Rauchblättriger Schwefelkopf

Hypholoma capnoides

Merkmale Der 2–8 cm breite Hut des Rauchblättrigen Schwefelkopfes ist erst gewölbt, dann abgeflacht und bisweilen leicht gebuckelt. Er ist blassgelb bis gelbbraun mit dunklerer, fuchsig-rötlicher bis bräunlicher Mitte. Die Lamellen sind erst blass, bald aber aschgrau (Name!) und im Alter grauviolett, ohne grüne Farbtöne. Die schlanken, oft gebogenen Stiele sind 5–8 cm lang, oben weißlich bis hellgelblich, abwärts gelbbräunlich bis rostbraun und am Grund oft büschelig verwachsen. **Vorkommen** Der Rauchblättrige Schwefelkopf ist ein weit verbreiteter Herbstpilz, der bis in den Wintereinbruch hinein, manchmal sogar bis zum nächsten Frühjahr büschelig an Nadelholzstümpfen vorkommt. Die Fruchtkörper wachsen oftmals in großer Anzahl zwischen der sich ablösenden Borke und dem Splintholz aus einem feinen Pilzgeflecht hervor, das im Holz wächst. **Wissenswertes** Der Pilz lebt von der Zersetzung von totem Nadelholz.

Der Tipp für unterwegs
Sie könnten den Rauchblättrigen mit dem giftigen, bitteren Grünblättrigen Schwefelkopf verwechseln – eine kleine Geschmacksprobe schafft da aber schnell Klarheit (Probe gleich wieder ausspucken).

2 Grünblättriger Schwefelkopf

Hypholoma fasciculare

Merkmale Der Grünblättrige Schwefelkopf hat einen 2–7 cm breiten, oftmals stumpfgebuckelten, schwefelgelben Hut mit ocker- bis rotbraunem Scheitel. Seine Lamellen sind anfangs schwefel-, bald jedoch grüngelb bis olivgrün und mit zunehmendem Alter immer dunkler werdend. Der 5–10 cm lange Stiel ist oben blass schwefelgelb, nach unten zu gelb- bis rostbräunlich. Sein Fleisch ist schwefelgelb und bitter. **Vorkommen** Der Grünblättrige Schwefelkopf erscheint von Mai bis November in Nadel-, häufiger aber noch in Laubwäldern. Er überzieht oft in großen Büscheln ganze Baumstümpfe im Wald. **Wissenswertes** Die typischen Merkmale des Grünblättrigen Schwefelkopfes: schwefelgelbes Fleisch, grüngelbe bis olivgrüne Lamellen und bitterer Geschmack.

Der Tipp für unterwegs
Wenn Sie einen Schwefelkopf finden, der an Laubholz siedelt, lassen Sie ihn stehen. Der essbare Rauchblättrige Schwefelkopf lebt nur an Nadelholz.

1 Reifpilz, Zigeuner

Rozites caperatus

Merkmale Der Reifpilz bekam seinen Namen von dem reifartigen Hutbelag, der bis ins Alter erhalten bleibt. Der 4–12 cm breite Hut ist bei jungen Exemplaren halbkugelig bis glockig mit eingebogenem Rand (siehe Bild). Bei älteren Exemplaren ist er ausgebreitet, mit stumpfem Buckel, radial gerunzelt und bei Trockenheit oft tief eingerissen. Er ist blassgelblich bis semmelfarben und silbrig bereift mit lila Reflex. Die breiten, relativ dicht stehenden Lamellen sind jung blass, später tonfarben. Der zylindrische bis keulenförmige, schmutzig weiße, 5–15 cm lange Stiel ist seidig-faserig gestreift und trägt einen schmalen, blassgelben Ring mit doppeltem Rand. **Vorkommen** Der Reifpilz erscheint von Juli bis Oktober meist gesellig oder in kleineren Gruppen in Nadel-, seltener in Laubwäldern. **Wissenswertes** Junge Exemplare vom Bocks-Dickfuß sehen ähnlich aus, sind jedoch an ihrem Geruch erkennbar.

Der Tipp für unterwegs

Den Reifpilz finden Sie auf sandigen oder sauren Böden, wo zum Beispiel auch Kiefern, Heidekraut oder Heidelbeeren wachsen.

2 Bocks-Dickfuß

Cortinarius camphoratus

Merkmale Der Bocks-Dickfuß hat einen 3–9 cm breiten, erst halbkugeligen, bald jedoch ausgebreiteten Hut mit feinfaseriger Oberfläche. Junge Pilze sind hellviolett, ältere verfärben sich von der Mitte her gelbbraun. Die Lamellen sind erst violett, später zimt- bis rostbraun. Der zylindrische bis keulige Stiel ist 5–8 cm lang, hellfaserig und reichlich von blauvioletten Hüllresten bedeckt, die im Alter gilbend. Sein Fleisch ist in Hut und Stielspitze violett. **Vorkommen** Der Bocks-Dickfuß erscheint von September bis November hauptsächlich in Berglagen in Nadel-, gelegentlich aber auch in Laubwäldern. Er wächst sehr gerne unter Fichten und Weißtannen auf sauren Böden in dicken Moospolstern in der Nähe von Heidelbeeren. **Wissenswertes** Die lateinische Artbezeichnung *camphoratus* bedeutet unangenehm riechend.

Der Tipp für unterwegs

Der widerliche, oft schon von weitem wahrnehmbare Geruch ist das beste Erkennungsmerkmal dieser giftigen Art.

1

2

1 Braunroter Leder-Täubling

Russula integra

Merkmale Der Braunrote Leder-Täubling ist ein mittelgroßer Pilz mit einem 6–12 cm breiten, rotbraunen Hut, dessen Haut bis zur Mitte leicht abziehbar ist. Er ist jung halbkugelig, dann gewölbt und schließlich ausgebreitet und in der Mitte niedergedrückt. Die Hutfarbe ist sehr variabel. Die Hutmitte ist oft gelb, grünlich ausgeblichen oder dunkler. Die brüchigen, ziemlich dicht stehenden Lamellen sind am Grunde queradrig verbunden, anfangs weißlich, später blassgelb und alt gelb bis hellocker. Der zylindrische, 3–8 cm lange Stiel ist weiß und im Alter an der Basis oft gelbfleckig. **Vorkommen** Der Braunrote Leder-Täubling erscheint von Juli bis Oktober im Nadelwald. **Wissenswertes** Die Täublinge gehören zur großen Gruppe der Sprödblättler: meist leuchtend gefärbte Hüte mit spröden, leicht splitternden Lamellen (Name!) und einem hellen Stiel, der nicht fasert, sondern sich leicht durchbrechen lässt.

Der Tipp für unterwegs

Im Unterschied zu vielen rötlich gefärbten Täublings-Arten ist das Fleisch vom Braunroten Leder-Täubling von mildem Geschmack – was Sie leicht anhand einer kleinen Kostprobe feststellen können.

2 Stachelbeer-Täubling

Russula queletii

Merkmale Der Stachelbeer-Täubling hat einen purpurrostfarbenen, trüb weinroten oder braunpurpurfarbenen, 5–8 cm breiten Hut, der in der Mitte fast schwarz gefärbt ist. Die gedrängt stehenden Lamellen sind wie bei den meisten Täublingen spröde. Der zylindrische Stiel ist 5–7 cm lang und purpurrosa bis karminrot gefärbt. **Vorkommen** Stachelbeer-Täublinge erscheinen von Juli bis in den November hinein, meist gesellig im Nadelwald. Er wächst ausschließlich bei Fichten und kommt vor allem im Bergland, auf kalkreichen Böden vor. **Wissenswertes** Der Pilz verursacht schmerzhafte Magen-Darmstörungen. Die Latenzzeit beträgt zwischen 30 Minuten und 3 Stunden, lebensgefährlich giftig ist er aber nicht. Der scharfe Geschmack macht den Pilz ohnehin von vornherein ungenießbar.

Der Tipp für unterwegs

Der Stachelbeer-Täubling kann mit dem essbaren Braunroten Leder-Täubling verwechselt werden, riecht jedoch nach Stachelbeer-Kompott (Name!) und schmeckt scharf und pfeffrig (Geschmacksprobe ausspucken).

1

2

1 Edel-Reizker, Echter Reizker

Lactarius deliciosus

Merkmale Der 5–12 cm breite Hut des Edel-Reizkers ist anfangs gewölbt, bald jedoch mit niedergedrückter Mitte und alt flach trichterförmig. Die Oberfläche ist orangefarben bis orangegelblich gefärbt und trägt rotgelbe konzentrische Kreise, Zonen und/oder Flecke. Alte Pilze sind mehr oder weniger grünfleckig. Junge Pilze sind am Rand eingerollt, alte Exemplare oft wellig verbogen. Die dicht stehenden Lamellen sind blassorange bis orangeocker. Der kurze, dicke Stiel wird 3–7 cm lang und ist blassorange mit dunkel orangefarbenen Gruben. Er wird bald hohl und brüchig. **Vorkommen** Edel-Reizker erscheinen von August bis Oktober, hauptsächlich im Kiefernwald. **Wissenswertes** Er gehört zur Gruppe der Milchlinge, die eine rote oder orangefarbene Milch abgeben. Die einzelnen Arten dieser Gruppe sind schwer zu unterscheiden, jedoch alle essbar und mehr oder weniger schmackhaft (siehe Seite 112).

Der Tipp für unterwegs

Den Edel-Reizker können Sie leicht an der karottenroten, mild schmeckenden Milch erkennen, die beim Anschnitt austritt.

2 Grubiger Milchling

Lactarius scrobiculatus

Merkmale Der Grubige Milchling hat einen großen Hut etwa 10–20 cm breit mit schwefel- bis goldgelber Oberfläche und eingewachsenen, undeutlich konzentrisch angeordneten Faserschuppen. Die dicht stehenden Lamellen sind cremefarben bis rahmgelblich und jung bisweilen mit Tröpfchen besetzt. Der breite, 3–6 cm lange Stiel ist blassgelb und mit zahlreichen flachen, dunkelgelben bis gelbbraunen Gruben versehen. **Vorkommen** Der Grubige Milchling erscheint von Juli bis Oktober. Er wächst verbreitet und truppweise vor allem in Berglagen auf Kalkböden unter Fichten. Nach Norden hin wird er immer seltener. **Wissenswertes** Der Pilz ist aufgrund seines kräftigen Wuchses und des grubigen Stiels (Name!), der an Druckstellen schmutzig rötlichbraun verfärbt, recht gut zu erkennen.

Der Tipp für unterwegs

Vorsicht: Im Unterschied zum Edel-Reizker hat der Grubige Milchling einen gelben Hut und sondert eine weiße, sich an der Luft schnell schwefelgelb verfärbende Milch aus, die brennend scharf schmeckt.

1

2

1 Fichten-Reizker

Lactarius deterrimus

Merkmale Dieser Reizker hat einen 3–10 cm breiten, vertieften, orangeroten, gezonten Hut, der mehr oder weniger grün verwaschen ist. Die blassocker Lamellen flecken im Alter graugrün. Der 3–6 cm lange, orangefarbene Stiel hat intensiver gefärbte Gruben oder Flecken. **Vorkommen** Der Pilz wächst in feuchten jungen Fichtenwäldern von Juli bis November oft massenweise. **Wissenswertes** Er ist essbar, aber von minderer Qualität.

Der Tipp für unterwegs
Typisch für diesen Reizker: Er wächst unter Fichten und seine karottenrote Milch verfärbt sich nach 10–30 Minuten weinrot.

2 Lachs-Reizker

Lactarius salmonicolor

Merkmale Lachs-Reizker haben einen 4–12 cm breiten, orangefarbenen bis orangegelben, schwach und eng dunkler gezonten Hut, der keinerlei Grüntöne zeigt und dessen Rand lange eingerollt bleibt. Die dicht stehenden Lamellen sind blassorange bis blassocker gefärbt. Der 3–7 cm lange Stiel ist orangegelb und trägt oft intensiver gefärbte, länglichrunde Grübchen. **Vorkommen** Der Lachs-Reizker erscheint von August bis November. **Wissenswertes** Lachs-Reizker scheiden beim Anschnitt reichlich karottenrote Milch aus, die sich wie beim Fichten-Reizker mit der Zeit (1–2 Stunden) weinrot verfärbt. Sie schmeckt ein wenig bitter.

Der Tipp für unterwegs
Der Lachs-Reizker gilt als Partner der Tanne und bevorzugt kalkhaltige Böden.
Wo Fichten eingestreut sind, kann er mit dem Fichten-Reizker verwechselt werden – allerdings zeigt er keinerlei Grünfärbung.

3 Weinroter Kiefern-Reizker

Lactarius sanguifluus

Merkmale Beim Weinroten Kiefern-Reizker ist der Hut 6–15 cm breit und schmutzig orangefarben mit grünlichen und purpurroten Zonen. Alte Pilze blassen aus. Die Lamellen sind erst gelblich-grau, später fleisch- bis weinrötlich. Der 3–6 cm lange Stiel ist hutfarben mit dunkleren Gruben. **Vorkommen** Der bei uns seltene Pilz erscheint von Juli bis November. **Wissenswertes** Charakteristisch für diesen Reizker ist die von Anfang an weinrote Milch.

Der Tipp für unterwegs
Der Weinrote Kiefern-Reizker kommt nur an wärmeren Stellen unter Kiefern (Name!) vor.

1

2

3

1 Krause Glucke

Sparassis crispa

Merkmale Die Krause Glucke ist ein voluminöser Pilz, der von weitem einem Badeschwamm ähnelt. Der halbkugelige Fruchtkörper ist 10–20 cm breit und bis 20 cm hoch. Er hat einen meist tief im Boden auf Holz sitzenden fleischigen, innen weißen, Strunk mit zahlreichen gewundenen und verbogenen, abgeflachten Ästen, die nach außen in lappige, blattartige Enden münden. Der Pilz ist anfangs weißlich bis blassgelb, später schmutzig hellbräunlich. **Vorkommen** Die Krause Glucke kommt von August bis Oktober meist einzeln am Fuß von Nadelbäumen vor. **Wissenswertes** Die Krause Glucke ist ein starker Schädling der Wald-Kiefer. Zunächst befällt der Pilz die Wurzeln in Stammnähe. Im befallenen Baum können sich die Pilzfäden aber dann bis zu einigen Metern hoch im Stamm ausbreiten. Sie verursachen eine Braunfäule im Stammholz, an der der Baum mit der Zeit zugrunde geht.

Der Tipp für unterwegs
Die Krause Glucke erscheint mehrere Jahre am gleichen Baum. Ihre Größe kann aber variieren. Der Fruchtkörper enthält oft Sandpartikel und Humusreste, sollte daher gut ausgespült werden.

2 Habichtspilz, Rehpilz

Sarcodon imbricatus

Merkmale Der Habichtspilz ist ein graubrauner, ziemlich großer Stachelpilz und etwa 6–30 cm breit. Der Hut ist mit mehr oder weniger kreisförmig angeordneten, an der Spitze dunkelbraun gefärbten, aufgerichteten Schuppen besetzt, die zum Rand hin kleiner werden. Auf der Hutunterseite stehen bis 1 cm lange, anfangs weißgraue, später grau- bis purpurbraune Stacheln. Der dicke, fleischige Stiel ist 5–8 cm lang und an der Basis oft verdickt. **Vorkommen** Habichtspilze erscheinen von August bis November. Sie wachsen gerne unter Fichten und Lärchen im Unterholz und treten oft in Reihen oder Büscheln auf. Sie sind relativ selten. Ihr Vorkommen ist in den letzten Jahren stark rückläufig. **Wissenswertes** Der Pilz ist nur in jungem Zustand essbar, alte Pilze sind hart und zäh und schmecken fad. Da der Habichtspilz aber immer seltener wird, sollten Sie ihn stehen lassen.

Der Tipp für unterwegs
Den Habichtspilz erkennen Sie an seinen weißgrauen Stacheln auf der Hutunterseite und dem beschuppten Hut, der an das Gefieder eines Habichts erinnert (Name!).

1

2

1 Klebriger Hörnling

Calocera viscosa

Merkmale Der Klebrige Hörnling sieht aus wie ein Korallenpilz: Er hat 3–7 cm hohe leuchtend dottergelbe bis orangefarbenen gabelig verzweigte Äste, die in einzelne oder zwei- bis dreifach verzweigte Spitzen auslaufen. Der Pilz wurzelt mit einem bis 15 cm langen, blassen, zähen Strang im Holz. Der Fruchtkörper ist klebrig-gallertartig und zäh. Bei Trockenheit wird der Fruchtkörper hornartig hart und dunkelorange, bei feuchter Witterung quillt er jedoch wieder auf. **Vorkommen** Der Klebrige Hörnling ist ein sehr häufiger Pilz. Er ist weit verbreitet, erscheint von Juni bis November, bildet unterschiedlich große Büschel aus und wächst auf alten, teilweise vermoderten Stümpfen und Wurzeln, sowie auf im Boden liegendem Holz von Nadelbäumen, wobei er Fichten- und Kiefernholz zu bevorzugen scheint. **Wissenswertes** Klebrige Hörnlinge spielen eine wichtige ökologische Rolle beim Abbau von Nadelholz und der Entstehung von Humus.

Der Tipp für unterwegs
Der Klebrige Hörnling fällt wegen seiner gelben bis orangefarbenen Farbe auf dem Waldboden sehr gut auf. Der Pilz ist zäh und ungenießbar.

2 Frühjahrs-Lorchel, Gift-Lorchel

Gyromitra esculenta

Merkmale Die Frühjahrs-Lorchel ähnelt einer Morchel. Der hirnartig gewundene, rundliche Hut ist 5–9 cm hoch und breit und gelb-, rot- bis schwarzbraun gefärbt. Der Hutrand ist mit dem kurzen, grauweißlichen bis gelblichen, unregelmäßig geformten Stiel verwachsen. **Vorkommen** Frühjahrs-Lorcheln erscheinen von Ende März bis Juni. Sie wachsen einzeln bis gesellig in sandigen Nadelwäldern, auf Holzlagerplätzen, an Stümpfen und auf Kahlschlägen. Sie kommen vor allem in Kiefernwäldern im östlichen Europa recht häufig vor. **Wissenswertes** Der Pilz galt früher als essbar (esculenta = essbar), wenn man ihn gut kocht und das Kochwasser weggießt. Inzwischen konnte man im Pilz das tödlich giftige Gyromitrin nachweisen, und auch das Abkochen bietet keinen Schutz vor Vergiftungen.

Der Tipp für unterwegs
So früh im Jahr erscheinende Pilze verlocken natürlich zum Sammeln – ein unerfahrener Pilzsammler könnte sie mit essbaren Morcheln (siehe Seite 74) verwechseln, die jedoch keinen hirnartig gewundenen Hut haben.

1

2

Lebensraum Wiesen und Gärten

Sie müssen nicht zum Pilze suchen in den Wald gehen, auch auf Wiesen und Weiden, an grasigen Wegrändern, in Parkanlagen, ja sogar in Ihrem Garten können Sie viele verschiedene Pilze finden, von denen sich einige als sehr gute Speisepilze herausgestellt haben. Der Frühe Ackerling läutet die Pilzsaison in diesen Lebensräumen ein, dicht gefolgt vom Wiesen-Egerling, Nelken-Schwindling und Mehlpilz. Und im Herbst sorgen Schopf-Tintling und Riesenbovist für schmackhafte Mahlzeiten.

1 Schneeweißer Ellerling

Hygrocybe virginea (Camarophyllus virgineus)

Merkmale Der Schneeweiße Ellerling ist ein kleiner, mehr oder weniger glasiger Pilz. Der 1,5–3 cm breite, weiße bis cremeweiße Hut ist flach oder leicht vertieft mit stumpfem Buckel oder mit niedergedrückter Mitte. Die dicken, entfernt stehenden, hutfarbenen Lamellen sind am Grund aderig verbunden. Der dünne, zylindrische Stiel ist 2–5 cm lang und zur Basis hin zugespitzt. Er ist weiß bis cremefarben und an der Basis bisweilen schwach rosabräunlich gefärbt. **Vorkommen** Schneeweiße Ellerlinge erscheinen von September bis Dezember. **Wissenswertes** Zur gleichen Zeit und am gleichen Standort kann der sehr giftige Feld-Trichterling vorkommen. Er ist zwar etwas größer und seine Lamellen stehen dichter, könnte aber leicht mit dem Schneeweißen Ellerling verwechselt werden. Unerfahrene Pilzsammler sollten die Finger von weißhütigen Pilzen lassen, da es unter ihnen viele giftige Arten gibt.

Der Tipp für unterwegs

Sie finden Schneeweiße Ellerlinge erst relativ spät im Jahr. Sie wachsen meist truppweise auf Wiesen, Weiden, Magerrasen und Wacholderheiden, wobei sie kalkhaltige Böden bevorzugen.

2 Feld-Trichterling

Clitocybe dealbata

Merkmale Der Feld-Trichterling ist ein kleiner weißhütiger Trichterling mit einem 2–5 cm breiten, matt weißlichen Hut. Bei jungen Pilzen ist der Hutrand eingerollt, bei älteren Exemplaren wellig verbogen. Die blass gelblichen Lamellen sind dünn und stehen gedrängt. Der zylindrische Stiel ist 2–4 cm lang und weißlich mit bisweilen bestäubter Spitze. **Vorkommen** Der Feld-Trichterling erscheint von Juli bis November. **Wissenswertes** Feld-Trichterlinge enthalten das sehr giftige Muscarin, das zu schweren, manchmal sogar tödlichen Vergiftungen führt. Sie gehören zu einer Gruppe sehr schwer unterscheidbarer giftiger weißer Trichterlinge, vor denen dringend gewarnt werden muss, da sie auch von erfahrenen Pilzsammlern leicht mit essbaren kleinen, weißhütigen Pilzen verwechselt werden können.

Der Tipp für unterwegs

Der Feld-Trichterling kommt häufig und in größerer Anzahl auf grasigen Plätzen im und am Wald, auf Weiden und an Wegrändern vor. Lassen Sie sich von dem sympathischen Weiß und dem angenehmen Mehlgeruch keinesfalls zum Verzehr verführen.

1

2

1 Granatroter Saftling

Hygrocybe punicea

Merkmale Der Granatrote Saftling ist einer der schönsten und größten Saftlinge. Er hat einen 4–7 cm breiten, mitunter stumpf gebuckelten, blut- bis scharlachroten Hut, der mit zunehmendem Alter besonders in der Mitte gelbrot ausblasst. Die breiten, ziemlich weit auseinander stehenden Lamellen sind bei jungen Pilzen blassgelb, später dann orangerot. Der zylindrische Stiel ist 5–9 cm lang, rot bis orangerot und an der Basis gelblich. **Vorkommen** Der Granatrote Saftling wächst vom Sommer bis zum Herbst auf ungedüngten grasigen Standorten, im Süden etwas häufiger, als im Norden und Osten. **Wissenswertes** Bei fast allen Saftlings-Arten sind die Vorkommen durch Überdüngung der Wiesen und Umstellung auf ertragreichere Fettwiesen verschwunden oder stark bedroht. Die Pilze stehen in Deutschland unter Schutz. Junge Exemplare könnten mit dem Kegeligen Saftling verwechselt werden.

Der Tipp für unterwegs

Den Granatroten Saftling können Sie wegen seiner leuchtenden Farben leicht in seiner grasigen Umgebung finden – ein lebendiger Edelstein sozusagen.

2 Kegeliger Saftling, Schwärzender Saftling

Hygrocybe conica (H. nigrescens)

Merkmale Der Kegelige Saftling verdankt seinen Namen seinem kegelförmigen Hut. Dieser ist 4–6 cm breit, orangegelb bis orangerot und am Rand oft unregelmäßig gelappt. Die breiten, entfernt stehenden Lamellen sind blass- bis lebhaft gelb. Der schlanke, zylindrische Stiel ist 3–8 cm lang und oft drehwüchsig. Junge Stiele sind zitronengelb, ältere gelborange mit weißlicher Basis. **Vorkommen** Dieser Saftling erscheint von August bis Oktober einzeln bis gesellig an grasigen Plätzen, auf Dünen, Magerwiesen, Alpweiden, Weg- und Waldrändern in Laubwäldern. **Wissenswertes** Hut, Lamellen und Stiel schwärzen bei Berührung und im Alter (siehe Bild). Das Schwärzen ist auf Oxidationsprozesse zurückzuführen. Der Pilz ist giftig und verursacht gastrointestinale Störungen. Über die Giftstoffe ist bisher kaum etwas bekannt.

Der Tipp für unterwegs

Wo Saftlinge auftreten, können Sie immer auch mit anderen seltenen Pilzarten rechnen. Die Pilze sind geschützt, erfreuen Sie sich an ihrem Aussehen.

1

2

1 Lilastieliger Rötelritterling

Lepista saeva (L. personata)

Merkmale Der Lilastielige Rötelritterling ist ein gut kenntlicher, mittelgroßer Pilz. Der dickfleischige Hut ist 5–15 cm breit, jung halbkugelig, bald jedoch flach gewölbt. Er ist blassgrau bis blassbräunlich mit einem ganz leichten Lilaton. Die gedrängt stehenden Lamellen sind etwas heller in der Färbung als der Hut. Der 3–6 cm lange und 1–3 cm breite Stiel ist auf weißlichem Grund schön violettblau gefärbt.
Vorkommen Der Lilastielige Rötelritterling erscheint von August bis November, in milden Wintern sogar auch bis ins Frühjahr hinein. Er wächst in Gruppen oder in großen Ringen in wenig gedüngten Wiesen und Weiden, auf Magerrasen und in Parkanlagen, gelegentlich aber auch an offenen Stellen und am Rand von Laubwäldern. **Wissenswertes** Da der Lilastielige Rötelritterling nur auf wenig oder ungedüngten Flächen wächst, ist er in seiner Ausbreitung immer mehr eingeschränkt, was ihn zu einer schützenswerten Art werden lässt.

Der Tipp für unterwegs
Den Lilastieligen Rötelritterling werden Sie nie auf gedüngten Wiesen oder Weiden finden. Das typische Merkmal – den violettblauen Stiel – sehen Sie erst, wenn Sie sich bücken und unter den großen Hut schauen.

2 Orangeroter Heftelnabeling

Rickenella fibula (Gerronema fibula)

Merkmale Der Orangerote Heftelnabling hat einen sehr kleinen, 0,4–1 cm breiten halbkugeligen Hut mit abgeflachtem und tief genabeltem Scheitel. Es ist lebhaft orangefarben, blasst jedoch zum Rand hin aus. Die sichelförmigen, weißlichen bis blassorangefarbenen Lamellen laufen am Stiel herab. Dieser ist im Verhältnis zum Hut sehr lang (2–6 cm), orangefarben und mit hellerer, bisweilen feinfilziger Basis (siehe Bild). **Vorkommen** Heftelnablinge sind weit verbreitet. Sie sind recht häufig und wachsen einzeln bis gesellig von Juni bis Oktober an grasigen Wald- und Wegrändern. Im Moos fallen die kleinen, aber kontrastreichen Hüte besonders gut ins Auge.
Wissenswertes Dieser Pilz gehört zu einer Gruppe kleinhütiger Pilze mit genabelten Hüten und dünnen, langen Stielen, die aus nur vier Arten besteht.

Der Tipp für unterwegs
Wenn Sie einen feuchten, schattigen Garten haben, schauen Sie sich einmal genauer um: Der Winzling kommt in vielen moosigen Gärten vor.

1

2

1 Maipilz, Mai-Ritterling, Mai-Schönkopf

Calocybe gambosa (Tricholoma georgii)

Merkmale Der Maipilz ist ein auffälliger, Frühjahrspilz. Der fleischige, cremeweiße bis grau-bräunliche Hut ist 3–10 cm breit, jung halbkugelig, später abgeflacht und oft wellig verbogen. Der Rand bleibt lange eingebogen. Die schmalen, hutfarbenen Lamellen stehen dicht beieinander. Der stämmige weißliche bis elfenbeinfarbene Stiel ist 5–8 cm lang und an der Spitze etwas faserig. Das weißliche, feste Fleisch riecht stark nach Mehl und rötet im Schnitt nicht. **Vorkommen** Der Maipilz erscheint schon früh im Jahr. Er ist von April bis Juni an grasigen Stellen in Laubwäldern, an Waldrändern, im Gebüsch, auf Wiesen und in Parks, oft in Reihen und Ringen anzutreffen. **Wissenswertes** Zur gleichen Zeit und an denselben Standorten erscheint der giftige Ziegelrote Risspilz. Verzichten Sie bei Unsicherheit lieber aufs Sammeln.

Der Tipp für unterwegs

Vorsicht: Junge Exemplare des giftigen Ziegelroten Risspilz könnten unerfahrene Pilzsammler leicht mit dem Maipilz verwechseln.

2 Ziegelroter Risspilz, Mai-Risspilz

Inocybe erubescens (I. patouillardii)

Merkmale Beim Ziegelroten Risspilz sitzt ein 2–9 cm breiter Hut auf einem dicken, 4–8 cm langen Stiel. Junge Pilze haben einen stumpfkegeligen bis glockigen, weißlichen bis blass strohgelben Hut. Bei älteren Exemplaren ist der Hut ausgebreitet, meist stumpf gebuckelt und meist streifig ziegelrötlich bis ganz rotbräunlich gefärbt. Die dicht stehenden Lamellen sind erst weißlich mit blassrosa Reflex, bald graubeige, zuletzt olivbraun. Hut, Stiel und Lamellen röten langsam auf Druck (oft erst nach Stunden) und im Alter. **Vorkommen** Ziegelrote Risspilze erscheinen von Mai bis August in Parkanlagen, Gärten, Laubwäldern und an Waldwegen. **Wissenswertes** Der Ziegelrote Risspilz enthält Muscarin und ist sehr giftig. Junge Pilze könnten mit dem Maipilz verwechselt werden.

Der Tipp für unterwegs

Lassen Sie sich nicht von dem angenehm obstartigen Geruch der jungen Pilze verführen. Typisches Merkmal: Die langsam ziegelrote Färbung an Hut und Stiel – Maipilze bleiben unveränderlich weiß.

1

2

1 Kurzstieliger Weichritterling

Melanoleuca brevipes

Merkmale Der Kurzstielige Weichritterling zeichnet sich durch einen flachen, mehr oder weniger gebuckelten bis niedergedrückten, 4–8 cm breiten, düster graubraunen, fleischigen Hut und einen kurzen Stiel aus, durch den er auch seinen Namen bekam. Die sehr dicht beieinander stehenden Lamellen sind bei jungen Pilzen weißlich bis grauweißlich, bei älteren Exemplaren grau. Der 2–4 cm lange, etwas keulige Stiel ist längsfaserig und hutfarben. **Vorkommen** Kurzstielige Weichritterlinge erscheinen von Mai bis Dezember einzeln bis gesellig an grasigen Plätzen, auf Wiesen, Weiden, an Wegrändern und in Parkanlagen. **Wissenswertes** Die Weichritterlinge sind noch nicht sehr gut erforscht. Die bisher bekannten Weichritterlings-Arten (siehe auch Seite 40) sind jedoch alle essbar. Sie haben weiße bis blass ockerfarbene Lamellen und einen ringlosen Stiel.

Der Tipp für unterwegs
Der graubraune Pilz mit dem kurzen Stiel ist unverkennbar. Sammeln Sie aber nur junge Pilze mit weißlichen Lamellen, die sind am schmackhaftesten.

2 Nelken-Schwindling, Feld-Schwindling

Marasmius oreades

Merkmale Feld-Schwindlinge sind kleine, als Rasenpilze aber auffällige Pilze. Der 2–5 cm breite, blass ledergelbe bis rotbräunliche Hut ist stumpf gebuckelt und hat einen welligen, oftmals gefurchten Rand. Die ziemlich weit auseinander stehenden, dicklichen Lamellen sind weißlich bis blass lederfarben. Der schlanke, steife Stiel ist 4–7 cm lang, weißlich bis lederfarben und zur Basis hin dunkler. **Vorkommen** Nelken-Schwindlinge sind weit verbreitet. Sie erscheinen von Mai bis November bisweilen in großen Mengen in Reihen und Ringen auf Wiesen, Rasenflächen, in Parkanlagen und an Waldrändern. **Wissenswertes** Das Myzel dieses Pilzes setzt im Wachstumsbereich Stickstoffverbindungen frei, so dass das Gras zunächst saftig dunkelgrün erscheint, um bald darauf jedoch braun zu werden und abzusterben. Die zarten Hüte der Nelken-Schwindlinge eignen sich sehr gut zum Verfeinern von Suppen und Soßen.

Der Tipp für unterwegs
Sie können die kleinen Pilze kaum verwechseln. Sie treten meist in großer Zahl bei Regen nach Trockenperioden im Gras auf.

1

2

1 Mehl-Räsling, Mehlpilz

Clitopilus prunulus

Merkmale Der Mehl-Räsling mit seinem 3–10 cm breiten, weißen oder weißgrauen Hut ist ein auffälliger Pilz. Der fleischige Hut ist bei jungen Pilzen halbkugelig, wölbt sich dann und ist bei alten Exemplaren bisweilen vertieft bis trichterförmig mit Buckel. Der Hutrand ist lange eingerollt und erst im Alter wellig verbogen. Die dünnen Lamellen stehen dicht beieinander. Sie sind zunächst weiß bis beige, verfärben sich dann aber langsam fleischrosa. Der weiße Stiel ist 2–6 cm lang, nach oben erweitert und steht oftmals exzentrisch. Geruch und Geschmack sind stark mehlartig (Name!). **Vorkommen** Mehl-Räslinge erscheinen von Juni bis Oktober verbreitet auf Wiesen und Weiden, in Parkanlagen aber auch an grasigen Plätzen außerhalb und innerhalb des Waldes. **Wissenswertes** Ähnlich sind der Feld-Trichterling (siehe Seite 121) und der Bleiweiße Firnistrichterling (siehe Seite 95).

Der Tipp für unterwegs

Wenn Sie Mehl-Räslinge finden, dann sollten Sie Ihre Augen offen halten und auch nach braunen Hüten Ausschau halten: Wo Mehl-Räslinge stehen, da sind Steinpilze oftmals nicht weit entfernt.

2 Großer Scheidling, Acker-Scheidling

Volvariella gloiocephala (V. speciosa)

Merkmale Der Große Scheidling hat einen 5–10 cm breiten, weißlichen bis graubräunlichen Hut. Dieser ist zunächst glockig, bald jedoch gewölbt abgeflacht und dann ausgebreitet. Typisch sind die nicht am Stiel angewachsenen, gedrängt stehenden Lamellen, die erst weiß, bald aber schmutzig rosa und dann ziegelbraun sind. Der schlanke, weiße Stiel ist 8–15 cm lang, an der Basis leicht verdickt und steckt in einer weißen, 2–3 cm hohen, häutigen Scheide oft tief im Boden. **Vorkommen** Große Scheidlinge wachsen von Mai bis November einzeln bis gesellig auf nährstoffreichen Feldern und Wiesen, in Gärten, auf Komposthaufen und Pflanzenabfällen. **Wissenswertes** Der Pilz kann von unerfahrenen Pilzsammlern mit weißhütigen Knollenblätterpilzen verwechselt werden. Diese haben jedoch stets weiße Lamellen und ihr Stiel trägt einen häutigen Ring.

Der Tipp für unterwegs

Sehen Sie sich im Herbst auch einmal auf Stoppelfeldern oder umgebrochenen Getreidefeldern um, hier können oft massenhaft Große Scheidlinge wachsen.

1

2

1 Stadt-Egerling, Stadt-Champignon

Agaricus bitorquis (A. edulis)

Merkmale Der Stadt-Egerling hat einen weißlichen, 4–10 cm breiten Hut. Die dicht stehenden Lamellen sind jung blass fleischfarben, alt schokoladenbraun. Der dicke, weiße Stiel ist 3–6 cm lang und trägt einen doppelten Ring. **Vorkommen** Die Pilze erscheinen von Mai bis Oktober meist gesellig in Gärten, Parkanlagen, an Straßen und Wegen. **Wissenswertes** Stadt-Egerlinge sind vor allem an Straßenrändern oft stark mit Schadstoffen belastet.

Der Tipp für unterwegs
Sammeln Sie nur Stadt-Egerlinge, die weit weg vom Straßenverkehr wachsen und nicht so Schadstoff belastet sind.

2 Wiesen-Egerling, Wiesen-Champignon

Agaricus campestris

Merkmale Der Wiesen-Egerling hat einen 3–12 cm breiten, weißen, feinschuppigen Hut. Die dicht stehenden, breiten Lamellen sind bei jungen Pilzen hellrosa, im Alter schokoladenbraun. Der relativ kurze, etwa 5–7 cm lange, dicke Stiel ist weiß und trägt einen schwach ausgebildeten, vergänglichen Ring. **Vorkommen** Wiesen-Egerlinge wachsen von Juni bis Oktober auf Wiesen, Weiden und Äckern. **Wissenswertes** Für den unerfahrenen Pilzsammler gelten die Warnungen vor den sehr giftigen weißen Knollenblätterpilzen, deren Lamellen weiß und nicht hellrosa sind und die aus einer Knolle herauswachsen.

Der Tipp für unterwegs
Gehen Sie nach einem trocknen Sommer, dem ein heftiger Regenguss folgt, hinaus auf Wiesen oder Weiden in der Nähe von Ställen oder Pferdekoppeln – jetzt schießen oftmals massenhaft Wiesen-Egerlinge aus dem Boden.

3 Weißer Anis-Egerling, Schaf-Champignon

Agaricus arvensis

Merkmale Der Weiße Anis-Egerling ist ein relativ großer Egerling mit einem 8–10 cm breiten, weißen oder leicht gelblichen Hut. Hut und Stiel verfärben sich bei Druck leicht gelblich. **Vorkommen** Anis-Egerlinge erscheinen von Juni bis Oktober auf gedüngten Wiesen und Weiden, in Parks und Gärten. **Wissenswertes** Der Pilz kann in bestimmten Gegenden Cadmium anreichern. Informieren Sie sich bei Ihrer örtlichen Pilzberatungsstelle.

Der Tipp für unterwegs
Beim Erkennen von Anis-Egerlingen ist Ihre Nase wichtig: Der Pilz riecht – wie sein Name schon sagt – nach Anis.

1

2

3

1 Schopf-Tintling, Spargelpilz

Coprinus comatus (C. ovatus)

Merkmale Schopf-Tintlinge sind an ihren weißen, schuppigen und zylindrischen bis walzenförmigen Hüten sehr gut zu erkennen. Die Hüte sind 2–6 cm breit und 6–18 cm hoch. Die Pilze altern sehr schnell und zerfließen dann vom Rand her tintenartig schwarz. Die dicht stehenden, breiten Lamellen sind zunächst weiß, bald rosafarben, um dann mit dem Hut tiefschwarz tintenartig zerfließend. Der schlanke, weiße Stiel wird bis 15 cm lang und trägt einen schmalen, vergänglichen Ring. **Vorkommen** Schopf-Tintlinge lieben gedüngten Boden und erscheinen von Mai bis November meist truppweise in Gärten, Wiesen und Parkanlagen, an Wegen und auf Feldern. **Wissenswertes** In früheren Zeiten hat man aus Schopf-Tintlingen tatsächlich Tinte hergestellt. Hut und Lamellen können sich innerhalb von wenigen Stunden zu einer tintenartigen Brühe verflüssigen. Sammeln Sie die Pilze nicht dort, wo Pestizide ausgebracht werden.

Der Tipp für unterwegs

Der Schopf-Tintling kann über Nacht in großen Mengen heranwachsen. Sammeln Sie nur ganz junge, noch geschlossene Pilze und bereiten Sie sie möglichst rasch zu.

2 Grauer Falten-Tintling, Falten-Tintling

Coprinus atramentarius

Merkmale Der Graue Falten-Tintling hat einen grauweißen bis aschgrauen oder graubräunlichen, glatten und eher kegelförmigen Hut, der mit zunehmendem Alter ebenfalls tintenartig zerfließt. Der Hut ist 3–7 cm hoch, 3–6 cm breit und gerieft bis gefaltet (siehe Bild). Die dicht gedrängt stehenden Lamellen sind weißlich bis blassgrau und zerfließen im Alter schwarz. Der nach oben verjüngte, weißliche Stiel ist 6–15 cm lang und zur Basis hin verdickt mit Wulst. **Vorkommen** Graue Falten-Tintlinge sind weit verbreitet und erscheinen von April bis November in Parkanlagen und an Wegen, in Gärten, aber auch in Laubwäldern. **Wissenswertes** Falten-Tintlinge sind essbar, solange die Hüte noch geschlossen und die Lamellen blassgrau sind. In Verbindung mit Alkohol ist der Pilz allerdings unverträglich und kann dann zu schweren Vergiftungserscheinungen führen.

Der Tipp für unterwegs

Bevorzugen Sie den meist in der Nähe wachsenden Schopf-Tintling. Er schmeckt besser, und warum sollten Sie zwei Tage vor und nach der Pilzmahlzeit auf ein Glas Bier oder Wein verzichten?

1

2

1 Früher Ackerling, Voreilender Ackerling

Agrocybe praecox

Merkmale Der Frühe Ackerling trägt einen 3–6 cm breiten, anfangs halbkugeligen, später gewölbten bis flachen, oft gebuckelten, dünnfleischigen Hut von schmutzig gelblichweißer bis ockerbräunlicher Farbe. Bei Trockenheit reißt der Hut felderig ein. Die dicht stehenden Lamellen sind bei jungen Pilzen weißlich, bisweilen mit Lilaton, verfärben sich mit zunehmendem Alter jedoch schmutzig bräunlich. Der faserige, weißliche Stiel ist 4–7 cm lang. Junge Pilze tragen einen häutigen, vergänglichen, weißen Ring. Die Stielbasis ist oft von zahlreichen weißen Myzelfäden umgeben. **Vorkommen** Der Frühe Ackerling ist ein sehr verbreiteter Frühjahrspilz. Er erscheint von April bis Juni meist in kleinen Gruppen auf Weiden und Ruderalstellen, in Gärten und Parkanlagen, aber auch an lichten, grasigen Stellen im Wald. **Wissenswertes** Der Pilz ist zwar essbar, gehört aber nicht zu den kulinarischen Genüssen: die Stiele sind zäh, das dünne Fleisch unergiebig.

Der Tipp für unterwegs
Sie sollten den Frühen Ackerling nicht in schattigen Wäldern suchen – er bevorzugt lichte und sonnige Standorte.

2 Heu-Düngerling

Panaeolus foenisecii (Panaeolina foenisecii)

Merkmale Der Heu-Düngerling ist ein kleiner rotbrauner Pilz. Der 1–2,5 cm breite Hut ist anfangs kegelförmig, später glockig bis gewölbt, aber nie flach ausgebreitet. Bei Feuchtigkeit ist der Hut rotbraun mit lilabraunem Beiton, trocken von der Mitte aus heller braun mit deutlichem Rand. Die entfernt stehenden Lamellen sind zunächst blass graubraun, dann marmoriert, bei ganz alten Exemplaren schwarzbraun mit purpurfarbenem Ton. Der dünne, glatte Stiel ist 4–8 cm lang und blasser als der Hut. **Vorkommen** Heu-Düngerlinge wachsen von Mai bis Oktober meist gesellig auf grasigen Plätzen. **Wissenswertes** Heu-Düngerlinge, die in Italien oder Nordamerika wachsen, sollen Spuren eines halluzinogenen Stoffes (Psilocybin) enthalten. Ob das bei den bei uns vorkommenden Pilzen auch der Fall ist, ist bisher noch umstritten.

Der Tipp für unterwegs
Nach dem Heu-Düngerling müssen Sie nicht lange suchen – Sie finden ihn meist in größerer Anzahl nach Regenfällen auf gut gedüngten, frisch gemähten Rasen- und Wiesenflächen.

1

2

1 Riesenbovist, Gemeiner Riesenbovist

Langermannia gigantea (Calvatia gigantea)

Merkmale Der weiße bis cremefarbene Fruchtkörper des Riesenbovists ähnelt von weitem einem Fußball. Der kugelförmige, leicht abgeplattete Fruchtkörper ist von einer derben, lederartigen Außenhaut umgeben, die sich mit zunehmendem Alter gelbbraun bis braun verfärbt und bei alten Exemplaren papierartig aufbricht und sich ablöst. Das Fleisch ist bei jungen Bovisten weiß und porös, aber fest. Es verfärbt sich langsam über Grüngelb nach Olivbraun, wird locker und watteartig bis pulverig. Junge Pilze riechen angenehm, zerfallende Exemplare widerlich. **Vorkommen** Riesenboviste erscheinen einzeln oder in Gruppen von Juni bis September auf nährstoffreichen Wiesen, Weiden und Feldern, in Gärten und Waldlichtungen. **Wissenswertes** Es kommt nicht selten vor, dass die Fruchtkörper des Riesenbovists enorme Ausmaße entwickeln und in Ausnahmefällen bis 25 kg schwer werden. Essbar ist der Pilz, solange das Fleisch noch fest und weiß ist.

Der Tipp für unterwegs
Der Riesenbovist nimmt, wie viele Pilze, giftige Substanzen auf und reichert sie an – meiden Sie daher mit Pestizid behandelte oder Schadstoff belastete Flächen.

2 Wiesen-Staubbecher, Abgeflachter Stäubling

Vascellum pratense (V. depressum)

Merkmale Der Wiesen-Staubbecher hat einen 2–4 cm breiten, rundlichen bis birnenförmigen Fruchtkörper mit besonders zur Reife abgeflachtem Scheitel und einem kurzen, gedrungenen Stielabschnitt. Die weißliche bis cremefarbene Oberfläche ist mit kleinen Warzen oder feinen Stacheln besetzt. Die Öffnung am Scheitel reißt bald auf und weitet sich aus, zum Schluss bleibt die becherförmige Basis übrig. Die Fruchtmasse ist zunächst weißlich und fest, wird mit zunehmendem Alter jedoch olivbraun und staubig. **Vorkommen** Wiesen-Staubbecher erscheinen von Juli bis Oktober einzeln oder gesellig auf Rasenflächen, Wiesen und Weiden. **Wissenswertes** Typisches Merkmal ist die im Schnitt sichtbare dünne Membran, die den fruchtbaren Teil des Pilzes vom unfruchtbaren trennt.

Der Tipp für unterwegs
Der Wiesen-Staubbecher ist in jungem Zustand, so lange der Fruchtkörper noch weißfleischig und fest ist, zwar essbar, schmeckt jedoch fad. Lassen Sie ihn daher lieber stehen.

1

2

Lebensraum Holz

Pilze, die auf lebendem oder totem Holz siedeln, fallen meist sehr leicht ins Auge und müssen nicht lange gesucht werden. Sie sind oft groß und leuchtend gefärbt wie der Schwefelporling oder der Gelbstielige Muschelseitling. Sie kommen oft in großen, unübersehbaren Mengen vor wie der Ziegelrote Schwefelkopf oder der Sparrige Schüppling.
Die meisten dieser Pilze sind ungenießbar, einige versprechen aber eine schmackhafte und große Ausbeute, wie der Austern-Seitling, der Gemeine Samtfußrübling oder das Stockschwämmchen.

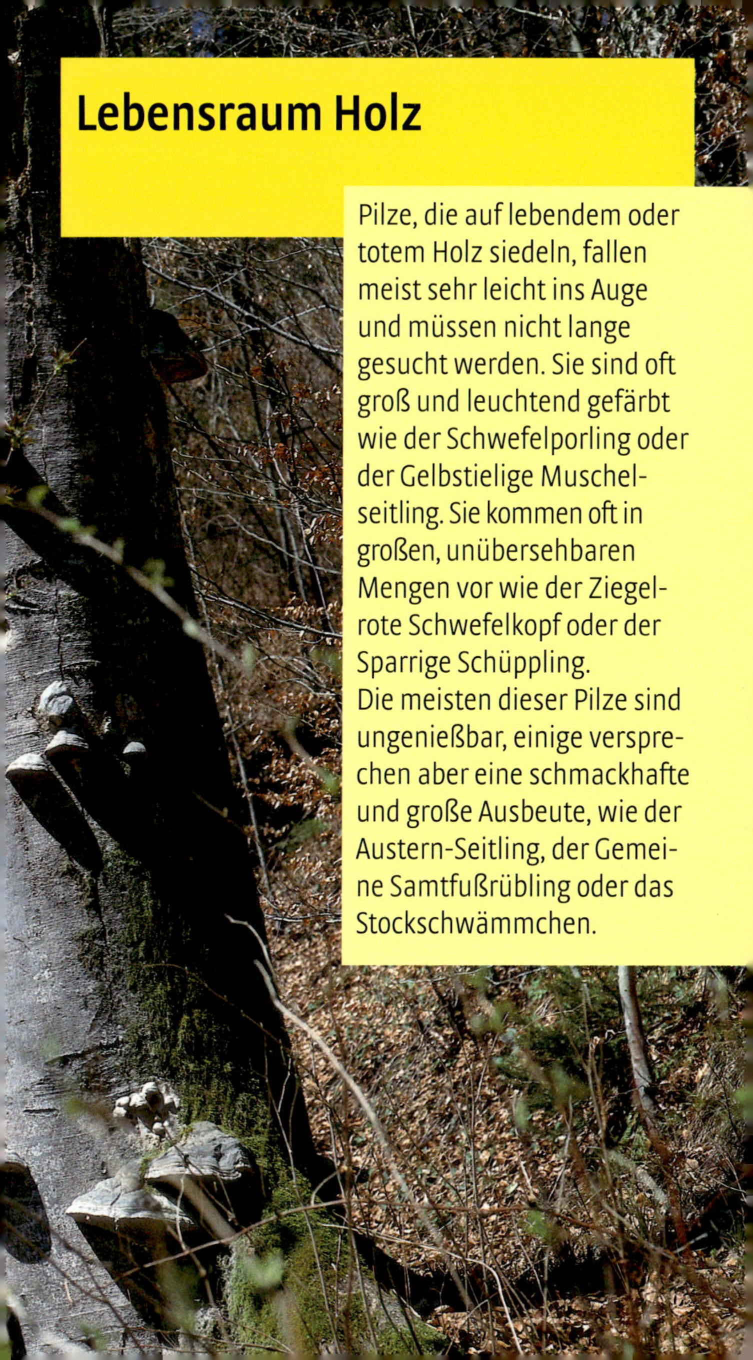

1 Austern-Seitling, Austernpilz

Pleurotus ostreatus

Merkmale Der Austern-Seitling entwickelt dichte, treppenförmig angeordnete Büschel, die in der Tat an eine Austernbank erinnern. Der spatel- bis muschelförmige Hut ist 5–15 cm breit und kann graulila, graubraun, graublau oder schiefergrau bis schwarzviolett gefärbt sein. Der Hutrand ist anfangs eingerollt, später eingebogen. Die am Stiel herablaufenden Lamellen stehen gedrängt und sind bei jungen Pilzen weißlich, später dann gelblich. Der kurze, dicke Stiel sitzt fast seitlich am Hut. Oftmals sind mehrere Stiele miteinander verwachsen. Das Fleisch ist zunächst weich und weiß, später zäh und faserig. **Vorkommen** Austernseitlinge erscheinen von Oktober bis März parasitisch und saprophytisch an Stämmen und Stümpfen von Laubbäumen, sehr selten auch an Nadelholz. **Wissenswertes** Der Pilz kann mit dem ungenießbaren Gelbstieligen Muschelseitling verwechselt werden, der zur gleichen Jahreszeit an Laub- und Nadelholz wächst.

Der Tipp für unterwegs
Wenn Sie den Austern-Seitling suchen, dann sollten Sie ab dem Spätherbst Ihre Blicke einmal einige Meter an geschädigten Bäumen hinaufwandern lassen.

2 Gelbstieliger Muschelseitling

Sarcomyxa serotina (Panellus serotinus)

Merkmale Der Gelbstielige Muschelseitling bildet 3–10 cm breite, muschel- bis nierenförmige Hüte, die olivgrün, olivgelb oder gelbbraun, manchmal aber auch grauviolettlich gefärbt sind. Bei Trockenheit ist die Oberfläche fein braunfilzig, feuchte Hüte sind schleimig-schmierig. Die gedrängt stehenden Lamellen sind blass- bis ocker-, manchmal auch orangegelb. Der kurze, dicke Stiel sitzt seitlich am Hut und ist gelb bis ockerfarben (Name!) mit feinen bräunlichen Schuppen. **Vorkommen** Der Pilz wächst von Spätherbst bis in den Winter hinein gesellig bis dachziegelig auf lebenden oder abgestorbenen Stämmen und Stümpfen verschiedener Laubhölzer, selten auch an Nadelholz. **Wissenswertes** Der Gelbstielige Muschelseitling hat ein fleischiges, weiches, aber bitter schmeckendes Fleisch, weshalb er als ungenießbar eingestuft wird.

Der Tipp für unterwegs
Sind sie sich unsicher, ob Sie einen Austern-Seitling oder einen Muschelseitling vor sich haben? Dann sehen Sie nur die Lamellen an: Austernseitlinge haben keine gelben Lamellen.

1

2

1 Gemeiner Stinkschwindling

Micromphale foetidum (Marasmius foetidus)

Merkmale Der Gemeine Stinkschwindling trägt einen kleinen, rotbräunlichen Hut, der rasch flach aufschirmt und deutlich radial gefurcht ist. Die Lamellen stehen weit auseinander und sind heller als der Hut. Der Stiel ist 1,5–5 cm lang und schwarzbraun. **Vorkommen** Stinkschwindlinge wachsen von Mai bis November in Gruppen auf abgefallenem Totholz und Stümpfen von Laubbäumen. **Wissenswertes** Schon sein Geruch zeichnet den Pilz als ungenießbar aus.

Der Tipp für unterwegs

Auf Stinkschwindlinge werden Sie schon bald aufmerksam: Sie verbreiten einen kräftigen Geruch nach faulem Kohl.

2 Breitblättriger Holzrübling, Breitblatt

Megacollybia platyphylla (Collybia platyphylla)

Merkmale Der Breitblättrige Holzrübling ist ein relativ großer Holzzersetzer. Er trägt einen graubraunen, radialfaserigen, 5–15 cm breiten Hut, der am Scheitel dunkler und oft flach gebuckelt ist. Die entfernt stehenden Lamellen sind sehr breit und blassweißlich bis cremefarben. Der zylindrische Stiel ist 5–15 cm lang, erst schmutzigweiß, später blassgrau und faserig gestreift. Er trägt an der Basis lange, weiße, verzweigte Myzelstränge (siehe Bild). **Vorkommen** Das Breitblatt erscheint von Mai bis Oktober meist gesellig an morschen Laub- und Nadelholzstümpfen. **Wissenswertes** Das Fleisch ist ungenießbar. Es schmeckt muffig bis bitterlich.

Der Tipp für unterwegs

Wo der Breitblättrige Holzrübling wächst, können Sie davon ausgehen, dass Holz in Laub- und Nadelstreu verborgen am Boden liegt oder vergraben ist.

3 Gelbstieliger Nitrat-Helmling

Mycena renati (M. flavipes)

Merkmale Der Gelbstielige Nitrat-Helmling trägt einen kegeligen, 1–3 cm breiten, rosa-bräunlichen Hut mit dunklerer Mitte und gerieftem Rand. Die Lamellen sind anfangs weißlich, später rosafarben. Die langen, dünnen Stiele sind gelbbraun bis orangegelb und an der Basis zu dichten Büscheln verwachsen. **Vorkommen** Dieser kleine Holzzersetzer erscheint von Mai bis September an morschem Laubholz, vor allem an Buchenholz. **Wissenswertes** Junge Pilze riechen chlorartig.

Der Tipp für unterwegs

Wo Buchen gefällt wurden und liegen geblieben sind, da können Sie den Gelbstieligen Nitrat-Helmlings in den nächsten Jahren in Mengen antreffen.

1

2

3

1 Samtfußrübling, Winterrübling

Flammulina velutipes

Merkmale Der Samtfußrübling ist einer der wenigen essbaren Pilze, die auch noch unter Schnee wachsen. Da fallen seine honiggelben bis orangebraunen, samtigen, 2–6 cm breiten Hüte natürlich besonders auf. Die Lamellen sind breit am Stiel angewachsen, anfangs gelblichweiß, später blass orangegelb. Der 2–7 cm lange Stiel ist zunächst weißgelblich und samtig, bald von unten her aber kastanienbraun bis braunschwarz. **Vorkommen** Samtfußrüblinge sind weit verbreitet und wachsen von September bis April meist büschelig an Totholz und Stümpfen von Laub-, seltener an Nadelbäumen. **Wissenswertes** Wenn Sie gefrorene Exemplare sammeln, sollten Sie darauf achten, dass das Fleisch nach dem Auftauen fest und knackig ist. Verwenden Sie keine weichen und lappigen Pilze. In der asiatischen Küche ist dieser Pilz als „Enoki-Take" ein Begriff und wird sehr gerne und häufig verwendet.

Der Tipp für unterwegs

Den Samtfußrübling finden Sie bevorzugt in Auenwäldern, wo er mit Vorliebe gefälltes Laubholz oder Laubholzstümpfe besiedelt.

Geselliger Glöckchennabeling

Xeromphalina campanella (Omphalina campanella)

Merkmale Der Gesellige Glöckchennabeling ist zwar ein kleiner Pilz, da er aber in großen Mengen vorkommt, kann er nicht übersehen werden. Die kleinen, dünnfleischigen, orangegelben bis rostbraunen Hüte sind gewölbt mit genabelter Mitte. Der Hutrand ist fast bis zur Hutmitte hin gerieft. Die gelbbräunlichen Lamellen laufen etwas am Stiel herab und sind teilweise gegabelt. Der sehr dünne, 1,5–3 cm lange Stiel ist im oberen Teil gelb-, zur Basis hin rost- bis schwarzbraun. Die Basis ist feinfilzig und bisweilen schwach knollig. **Vorkommen** Der Glöckchennabeling erscheint vom Vorfrühling bis zum Herbst meist dicht gedrängt auf stark vermorschten Nadelholzstümpfen. **Wissenswertes** Zu den Glöckchennabelingen gehören vier Arten. Alle haben einen genabelten Hut, zähe Stiele und herablaufende Lamellen.

Der Tipp für unterwegs

Der leuchtende Gesellige Glöckchennabeling kommt oftmals zu Hunderten an einer Stelle vor und ist dann kaum zu übersehen – im Flachland werden Sie ihn allerdings meist umsonst suchen.

1

2

1 Behangener Faserling, Candoll

Psathyrella candolleana

Merkmale Der Behangene Faserling trägt einen cremefarbenen, 2–7 cm breiten, stumpf gebuckelten Hut, mit graulila Lamellen. Der weißliche Stiel ist an der Basis verdickt und weißfilzig. **Vorkommen** Die Pilze erscheinen von Mai bis Oktober truppweise auf Holzresten an Waldrändern und Böschungen, in Gärten und Parks. **Wissenswertes** Der Pilz lagert Standort bedingt Schadstoffe ein und sollte daher nicht verzehrt werden.

Der Tipp für unterwegs
Sie erkennen den kleinen bis mittelgroßen, zerbrechlichen Pilz an seinem weiß behangenen Hutrand (siehe Bild).

2 Grünspan-Träuschling

Stropharia aeruginosa

Merkmale Der Grünspan-Träuschling ist ein sehr schöner Pilz. Der 3–6 cm breite, stumpf gebuckelte Hut ist glänzend grün bis blaugrün und zum Rand hin mit vergänglichen weißen Flöckchen bedeckt. Die am Stiel angewachsenen Lamellen sind grauweiß bis graubraun. Der weißliche bis blaugrüne Stiel ist 5–10 cm lang. Er trägt einen Ring und ist unterhalb des Ringes schuppig weiß beflockt. **Vorkommen** Der schöne Pilz kommt von August bis November meist gesellig in Laub- und Nadelwäldern sowohl am Boden, als auch auf totem Holz vor. **Wissenswertes** Der Pilz wurde früher gegessen, wird heute aber als ungenießbar eingestuft.

Der Tipp für unterwegs
Mit seinem leuchtend grünen, schmierigen und weiß beschuppten Hut und Stiel können Sie den Grünspan-Träuschling weder übersehen noch verwechseln.

3 Ziegelroter Schwefelkopf

Hypholoma lateritium (H. sublateritium)

Merkmale Der 4–10 cm breite, stumpf gebuckelte Hut dieses Schwefelkopfes ist ziegelrot gefärbt (Name!) und wird zum Rand hin heller. Die Lamellen sind zunächst hellgelb, später grau- bis olivbraun. Die langen, gelben Stiele werden zur Basis hin bräunlich und sind oftmals büschelig verwachsen (siehe Bild). **Vorkommen** Die Pilze erscheinen von August bis Dezember auf totem Laubholz. **Wissenswertes** Der Pilz gilt manchmal als essbar.

Der Tipp für unterwegs
Junge Ziegelrote Schwefelköpfe sehen verlockend aus, die büschelig wachsenden Pilze versprechen eine gute Ernte. Der Pilz schmeckt bitter und ist unverträglich.

1

2

3

1 Stockschwämmchen

Kuehneromyces mutabilis (Pholiota mutabilis)

Merkmale Stockschwämmchen können je nach Alter und Witterung unterschiedlich gefärbt sein (mutabilis = veränderlich). Die Hüte sind 3–8 cm breit, gewölbt bis flach ausgebreitet und stumpf gebuckelt. Bei Feuchtigkeit sind sie gelb- bis zimtbraun mit dunklerer Randzone, bei Trockenheit hell- bis honiggelb. Die dicht beieinander stehenden Lamellen sind bei jungen Pilzen hell-, bei alten rost- bis dunkelbraun. Die faserigen, 3–8 cm langen Stiele tragen einen kleinen, vergänglichen, braunen Ring. Oberhalb des Ringes ist der Stiel gelbbräunlich gefärbt, unterhalb mit feinen, dunkelbraunen Schüppchen bedeckt, die Stielbasis ist dunkelbraun. **Vorkommen** Stockschwämmchen wachsen von Mai bis Dezember meist an Laubholzstümpfen, seltener an Nadelholz. **Wissenswertes** Stockschwämmchen sind ergiebige und wohlschmeckende Pilze. Der ähnliche Gift-Häubling kann an Stiel und Geruch unterschieden werden.

Der Tipp für unterwegs

Sie können die Stockschwämmchen kaum übersehen: Die Pilze wachsen in großer Anzahl in schuppig angeordneten Büscheln auf Baumstümpfen. Sammeln Sie nur die Hüte, die Stiele sind zäh.

2 Gift-Häubling, Nadelholz-Häubling

Galerina marginata

Merkmale Der Gift-Häubling trägt einen 1,5–4 cm breiten, anfangs halbkugeligen, später flach ausgebreiteten, bisweilen schwach gebuckelten Hut. Bei Feuchtigkeit ist die Oberfläche honig- bis ockerbraun mit fein gerieftem Rand, bei Trockenheit verblasst der Hut von der Mitte her hell gelbbraun. Die Lamellen sind bei jungen Pilzen hell- bis zimtbraun, bei alten rostbraun. Der dünne, faserige Stiel ist 2–7 cm lang, ockerbraun und trägt einen vergänglichen, häutigen, hängenden Ring. Er ist unter dem Ring weißlich überfasert und nicht beschuppt. **Vorkommen** Der Gift-Häubling kommt von Juli bis November einzeln oder in Büscheln auf morschem Nadel-, seltener auf Laubholz vor. **Wissenswertes** Der Pilz ist tödlich giftig. Er enthält Amatoxine, Giftstoffe, die denen der Knollenblätterpilze ähneln.

Der Tipp für unterwegs

Zwar wachsen Gift-Häublinge meist an Nadel-, Stockschwämmchen meist an Laubholzstümpfen – achten Sie trotzdem sehr genau auf die Unterschiede der Stiele und Lamellen. Der Gift-Häubling riecht zudem nach Mehl.

1

2

1 Pappel-Schüppling
Pholiota populnea (P. destruens)

Merkmale Der Pilz trägt einen 5–15 cm breiten, polsterförmig gewölbten, grau- bis gelbbraunen Hut mit tonfarbenen, später braunen Lamellen. Der kompakte, weißliche bis hellbraune Stiel ist 5–10 cm lang und trägt einen vergänglichen Ring. Hut und Stiel sind mit wolligen, weißen Schuppen bedeckt. **Vorkommen** Der Pilz erscheint im Spätherbst an totem Laubholz. **Wissenswertes** Der Pilz schmeckt bitter und kann Übelkeit verursachen.

Der Tipp für unterwegs
Wo Pappeln gefällt wurden, da können Sie auch mit dem Pappel-Schüppling rechnen.

2 Sparriger Schüppling
Pholiota squarrosa

Merkmale Der 4–8 cm breite, glockig gewölbte, gelb- bis hellbraune Hut und die 7–15 cm langen, oftmals büschelig verwachsenen Stiele des Sparrigen Schüpplings sind mit rostbraunen Schuppen übersät. Der Hutrand ist dicht fransig behangen. Lamellen gedrängt stehend, jung blass olivgelb, alt olivbraun. **Vorkommen** Die Pilze erscheinen von September bis November meist am Fuße von Laub-, seltener von Nadelbäumen. **Wissenswertes** Der Sparrige Schüppling lebt an lebendem Holz, zersetzt aber auch Totholz. Sein Fleisch ist schwer verdaulich und verursacht Magen-Darm-Beschwerden.

Der Tipp für unterwegs
Wenn Sie nach dem Sparrigen Schüppling Ausschau halten, sollten Sie auf Streuobstwiesen einmal im Wurzelbereich alter Obstbäume nachsehen.

3 Tonblasser Schüppling
Pholiota lenta

Merkmale Der Tonblasse Schüppling ist im Ganzen tonfarben (Name!). Der schmierig-schleimige, 3–6 cm breite Hut ist abgeflacht, der Hutrand lange heruntergebogen. Der 3–7 cm lange Stiel ist unter der flüchtigen, von Sporenstaub oft bräunlichen Ringzone faserschuppig, verkahlt aber im Alter. **Vorkommen** Der Pilz erscheint im Spätherbst an Totholz von Laub-, seltener Nadelbäumen. **Wissenswertes** Der Pilz ist zäh und ungenießbar.

Der Tipp für unterwegs
Bei Feuchtigkeit können Sie die schleimigen Pilzhüte auf Holz im Wald kaum übersehen.

1

2

3

1 Judasohr, Ohrlappenpilz, Holunderschwamm

Auricularia auricula-judae (Hirneola auricula-judae)

Merkmale Das Judasohr bildet muschelförmige, ohrförmige (siehe Bild) bis unregelmäßig schüsselförmige, 3–12 cm breite und bis 7 cm vom Substrat abstehende Fruchtkörper aus, die stiellos oder mit sehr kurzem Stiel auf ihrem „Wirtsbaum" angewachsen sind. Die samtig bis filzige Oberfläche ist oliv- bis purpurbraun, die Unterseite wie die Oberseite gefärbt, glatt und glänzend. Das Fleisch ist dünn und gallertig bis knorpelig. Trockene Pilze sind hornartig hart, quellen bei Feuchtigkeit aber wieder auf. Der Fleisch ist geruchlos und schmeckt mild. **Vorkommen** Judasohren wachsen ganzjährig an - geschwächtem oder totem Laubholz. **Wissenswertes** In Asien wird das Judasohr in großen Mengen auf einem ganz speziellen Substrat aus verschiedenen Holzsorten als Speisepilz gezüchtet. Bei uns erscheinen diese Pilze getrocknet als Chinesische Morcheln im Handel.

Der Tipp für unterwegs
Sehen Sie sich einmal genau die Stämme und Äste vom Schwarzen Holunder an. Hier wächst das Judasohr besonders gerne.

2 Birnen-Stäubling

Lycoperdon pyriforme

Merkmale Der Birnen-Stäubling hat einen birnenförmigen (Name!) Fruchtkörper, der bis 5 cm hoch und bis 3,5 cm breit ist. Das kugelige Kopfteil, geht abrupt in einen konischen Stiel über. Die feinwarzige Außenhülle des Pilzes ist bei jungen Exemplaren weißlich, bei älteren bräunlich. Die feste Innenhaut ist papierartig und liegt bei alten Pilzen bloß. Die Fruchtmasse ist bei jungen Exemplaren weiß und fest, wird mit zunehmendem Alter jedoch gelbgrün, bei reifen Pilzen ist sie olivbraun und staubig. **Vorkommen** Birnen-Stäublinge sind weit verbreitete Holzzersetzer. Sie wachsen von August bis November meist büschelig und oft zu Hunderten auf morschem, am Boden liegendem Holz und Holzabfällen. **Wissenswertes** Birnen-Stäublinge riechen unangenehm nach Gas und sind nur in ganz jungem Zustand mit noch fester Fruchtmasse essbar.

Der Tipp für unterwegs
Vorsicht: Junge Birnen-Stäublinge können mit ganz jungen, noch kugeligen Fruchtkörpern von Fliegenpilzen und Knollenblätterpilzen verwechselt werden.

1

2

1 Birken-Porling

Piptoporus betulinus

Merkmale Birken-Porlinge brechen knollig aus dem befallenen Substrat hervor und bilden halbkreisförmige Polster. Die Oberseite ist zunächst weißlich, wird dann aber braun bis graubraun. Die Röhren und Poren auf der Unterseite sind weißlich. **Vorkommen** Die Pilze wachsen ganzjährig an Birken. **Wissenswertes** Im Kernholz der befallenen Birken erzeugt der Parasit eine aktive Braunfäule, das Holz zerfällt würfelig.

Der Tipp für unterwegs

Den Birken-Porling können Sie gar nicht verwechseln, da er nur an Birken vorkommt.

2 Schwefelporling

Laetiporus sulphureus

Merkmale Der Schwefelporling bildet unregelmäßig gewellte, halbkreisförmige Hüte aus, die meist dachziegelartig übereinanderliegen und jung leuchtend schwefelgelb gefärbt sind. **Vorkommen** Schwefelporlinge erscheinen von Mai bis September meist an Laub-, selten auch an Nadelbäumen. **Wissenswertes** So schön der Pilz ist, so gefährlich ist er für seinen Wirt: Er verursacht im befallenen Holz eine intensive Braunfäule, die den Baum immer mehr „aushöhlt". Splintholz und Rinde werden kaum angegriffen, so dass der schon „todkranke" Baum noch lange stehen bleibt.

Der Tipp für unterwegs

Junge Schwefel-Porlinge erkennen Sie schon von weitem an ihren leuchtend gelben Fruchtkörpern. Je älter die Pilze werden, desto mehr verblasst allerdings die schöne Farbe.

2 Riesenporling

Meripilus giganteus

Merkmale Der Riesenporling bildet aus flachen, halbkreisförmigen, am Rand gewellten Einzelhüten einen Sammelfruchtkörper, der bis zu einen Meter groß und bis 70 kg schwer wird. **Vorkommen** Riesenporlinge wachsen von Juli bis Oktober an Rotbuchen, selten an anderen Laubhölzern. **Wissenswertes** Spätestens im November fallen die stattlichen Fruchtkörper zusammen. Die Pilze erscheinen über mehrere Jahre.

Der Tipp für unterwegs

Dort wo Buchen wachsen, finden Sie meist auch die imposanten rotbraun gezonten Fächer des Riesenporlings.

1

2

3

Lebensraum Feuchtgebiete

Feuchtgebiete, Moore und Gewässerränder sind überaus interessante Lebensräume, in denen ganz besondere Pflanzen und Tiere leben – ein Paradies für jeden Naturfreund. Hier siedeln gern Birken, Erlen und Weiden, wachsen Torfmoos und Heidelbeeren, Orchideen und Insekten fressende Pflanzen. Und da Pilze fast überall vorkommen, wachsen natürlich auch hier welche: Erlen-Grübling, Moor-Röhrling und Moor-Saftling, Kegelhütiger Knollenblätterpilz und Birken-Spei-Täubling.

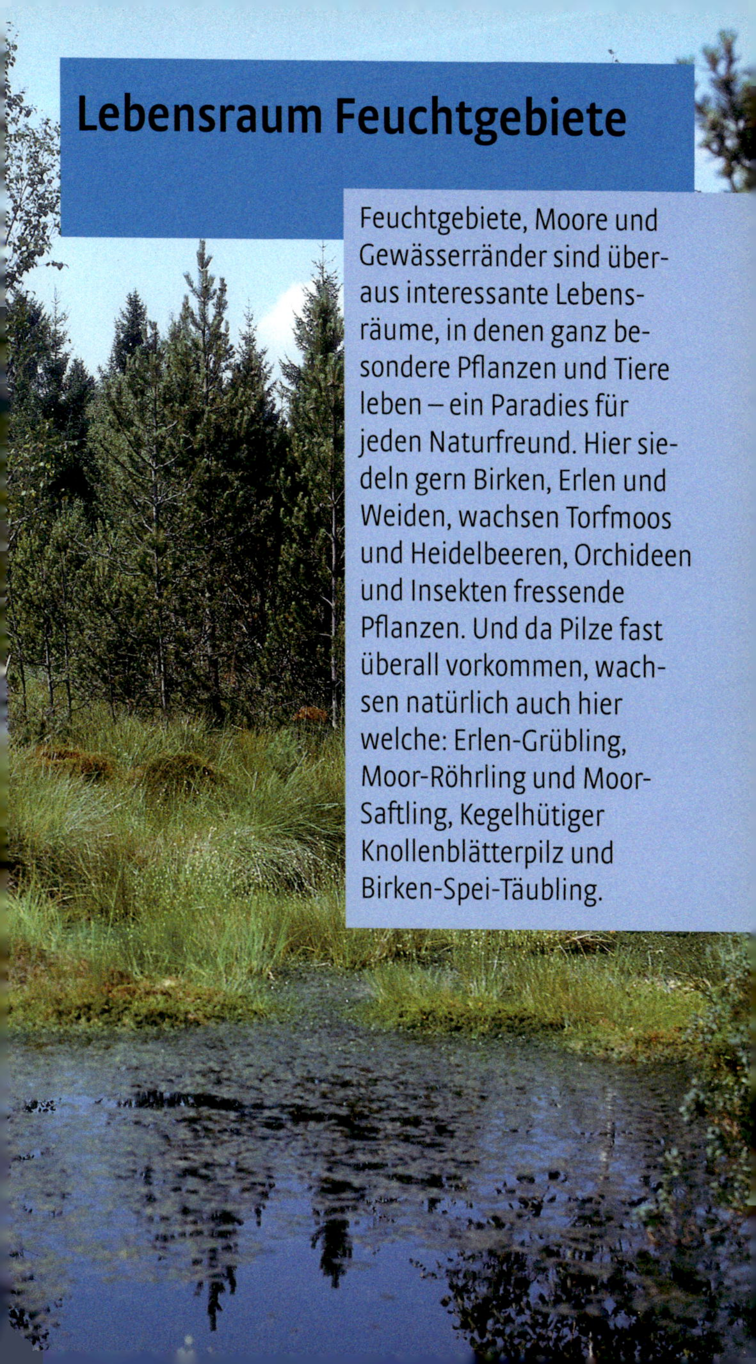

1 Erlen-Grübling

Gyrodon lividus

Merkmale Der Erlen-Grübling hat einen 3–10 cm breiten, flach aufgeschirmten und oft unregelmäßig verbogenen Hut mit samtartig matter Oberfläche. Der Hut ist strohgelb bis gelbbraun gefärbt, die Huthaut steht am Rand etwas über. Die kurzen, etwas am Stiel herablaufenden Röhren sind zunächst zitronengelb, später grüngelblich und kaum ablösbar. Sie verfärben sich bei Berührung schnell bläulich. Der schlanke, blassgelbe Stiel ist 3–10 cm lang, oft gebogen und rotbräunlich befasert. Der Geruch ist unbedeutend, der Geschmack säuerlich. **Vorkommen** Erlen-Grüblinge erscheinen von August bis Oktober meist gesellig, in Auenwäldern, an naturnahen Flussufern und in Mooren. **Wissenswertes** Der Erlen-Grübling ist wegen seiner Seltenheit in Deutschland geschützt. Der Pilz lebt in enger Partnerschaft (Mykorrhiza) mit der Erle zusammen, schädigt sie aber nicht, ist also kein Schmarotzer.

Der Tipp für unterwegs
Sie müssen schon ein Glückspilz sein, wenn Sie diesen seltenen Pilz finden. Er wächst nur in Feuchtgebieten. Es gilt: Wo keine Erlen, da auch kein Erlen-Grübling.

2 Filziger Milchling, Bruch-Milchling, Maggipilz

Lactarius helvus

Merkmale Der Filzige Milchling trägt einen 3–15 cm breiten, zunächst flach gewölbten, später niedergedrückten bis trichterförmigen Hut. Junge Hüte sind fleischockerlich, ältere ledergelb bis gelblich braun. Typisch für diesen Pilz: Der Hut ist mit zahlreichen filzigen Schüppchen bedeckt (Name!). Die ziemlich gedrängt stehenden Lamellen sind zunächst weißgelblich bis cremefarben, später dann ockergelblich bis orangeocker. Der hutfarbene Stiel ist 2–12 cm lang und zur Basis hin hellocker und filzig. Hut und Stiel sind sehr zerbrechlich. Der Pilz sondert bei Verletzungen spärlich fast wasserklare Milch ab. **Vorkommen** Filzige Milchlinge erscheinen von Juli bis Oktober in feuchten, moosigen Fichten-, Kiefern- und Birkenwäldern und Mooren. **Wissenswertes** Der Pilz verursacht – besonders roh genossen – Übelkeit, Durchfall und Erbrechen.

Der Tipp für unterwegs
Um den Pilz im Feuchtgebiet zu finden, müssen Sie an warmen Sommertagen nur Ihrer Nase nachgehen, wenn es im Moor würzig nach Maggi riecht.

1

2

1 Moor-Röhrling

Suillus flavidus

Merkmale Junge Moor-Röhrlinge haben einen ocker- bis fast zitronengelben, kegeligen Hut, dessen Rand mit schleimigen Hüllresten besetzt ist. Bei älteren Exemplaren ist der Hut schmutziggelb und flach gewölbt bis ausgebreitet, oft mit niederem Buckel. Die gold- bis schmutziggelben Poren verfärben sich auf Druck nicht. Der schlanke Stiel ist bis 8 cm lang und trägt einen anfangs gelblichen, später bräunlichen, schleimigen Ring. Oberhalb dieses Ringes ist er auf gelblichem Grund punktiert, unterhalb bräunlich längsfaserig. **Vorkommen** Moor-Röhrlinge kommen von Juli bis Oktober einzeln bis gesellig in Mooren und feuchten Wäldern vor. **Wissenswertes** Da der Moor-Röhrling immer seltener anzutreffen ist, sollten Sie ihn stehen lassen und schonen. Der Pilz riecht zwar sehr angenehm, doch schmeckt sein Fleisch eher säuerlich.

Der Tipp für unterwegs

Der Moor-Röhrling ist sehr selten. Wenn Sie ihn finden wollen, dann müssen Sie unter zweinadeligen Kiefern im feuchten Moos nach ihm Ausschau halten.

2 Schmarotzer-Röhrling, Parasitischer Röhrling

Xerocomus parasiticus

Merkmale Der Schmarotzer-Röhrling ist ein kleiner Röhrling mit einem 2–6 cm breiten, polsterförmigen, gelb- bis olivbraunen Hut. Alte Hüte sind oftmals rissig. Junge Poren sind gelb, alte olivbräunlich. Der kräftige Stiel ist 3–6 cm lang, gelb- oder orangebraun und längsfaserig mit bräunlichen Schüppchen. **Vorkommen** Der Schmarotzer-Röhrling kommt vom Sommer bis zum Herbst parasitisch auf giftigen Dickschaligen Kartoffel-Hartbovisten vor, die in Laub- und Mischwäldern und Parkanlagen auf nährstoffreichen Böden wachsen. **Wissenswertes** Der Schmarotzer-Röhrling ist eine sehr seltene Pilzart mit einzigartiger Lebensweise. Die von ihm befallenen Boviste werden schwach, können sich nicht mehr weiterentwickeln und sterben ab. Mit dem Tod des Wirtes endet auch das Leben des Schmarotzers.

Der Tipp für unterwegs

Wenn Sie wissen, wo Kartoffelboviste wachsen, dann halten Sie hier einmal Ausschau nach dem interessanten Schmarotzer-Röhrling. Der kleine Röhrling fällt neben dem unförmigen Bovist gleich ins Auge.

1

2

1 Kegelhütiger Knollenblätterpilz

Amanita virosa

Merkmale Der Kegelhütige Knollenblätterpilz ist in allen Teilen weiß. Auf einem 6–15 cm langen Stiel sitzt ein 4–8 cm breiter, kegeliger bis glockiger Hut mit einer seidigen Oberfläche. Bei alten Exemplaren ist der Hut gewölbt und in der Mitte etwas gelblich bis fuchsig gefärbt. Die dünnen Lamellen stehen dicht beieinander. Der lange, schlanke Stiel trägt unter dem Hut einen dünnen, hängenden, allerdings vergänglichen Ring. Unterhalb des Rings ist der Stiel faserig bis schuppig. Der Stiel endet in einer Knolle, die in einer häutigen, meist anliegenden Scheide steckt. **Vorkommen** Der tödlich giftige Pilz ist ein „Sommerpilz", der von Juli bis Oktober einzeln oder zu mehreren in feuchten Nadelwäldern und Mooren vorkommt. In seltenen Fällen wächst er auch in feuchten Laubwäldern unter Birken oder Buchen. **Wissenswertes** Der Kegelhütige Knollenblätterpilz gehört zu den tödlich giftigen Pilzarten, ist aber Gott sei Dank relativ selten.

Der Tipp für unterwegs
Noch einmal: Lassen Sie die Finger von hellhütigen Pilzen mit weißen Lamellen, einer Knolle und Scheide und beringtem Stiel!

2 Kirschroter Spei-Täubling

Russula emetica var. emetica

Merkmale Dieser hübsche, mittelgroße Täubling kann nicht übersehen werden. Er trägt einen 4–10 cm breiten gewölbten bis abgeflachten, leuchtend blut- bis kirschroten Hut, der in lebhaftem Kontrast zu den weißen Lamellen und dem weißen Stiel steht. Der zylindrische Stiel ist 5–8 cm lang und sehr brüchig. **Vorkommen** Der Kirschrote Spei-Täubling ist weit verbreitet. Er erscheint von Juli bis November einzeln bis gesellig in Moor- und feuchten Nadelwäldern. **Wissenswertes** Dieser Pilz gehört zu einer Gruppe von rothütigen Täublingen, die sich fast alle durch einen schmerzhaft brennenden Geschmack auszeichnen, der ganz bestimmt vom Verzehr abhält. Deutscher und wissenschaftlicher Name (emetica = zum Erbrechen reizend) sagen ebenfalls aus, dass es sich beim Kirschroten Spei-Täubling um keinen Speisepilz handelt.

Der Tipp für unterwegs
Sie finden den Pilz bevorzugt im Moos. Lassen Sie sich von dem angenehm fruchtigen Geruch nicht verführen – schon eine kleine Kostprobe brennt höllisch auf der Zunge.

1

2

1 Birken-Spei-Täubling

Russula emetica var. betularum

Merkmale Der Birken-Spei-Täubling ist der kleinere und hellere Verwandte des Kirschroten Spei-Täublings. Der 2–5 cm breite, sehr zerbrechliche Hut ist bei jungen Exemplaren blassrosa mit blass gelbbrauner bis ockerfarbener Mitte, alte Pilze blassen fleckig aus und sind dann cremefarben bis weißlich. Wie bei fast allen Täublingen sind die entfernt stehenden Lamellen spröde. Der weiße, brüchige Stiel ist 3–6 cm lang und zylindrisch oder schmal keulenförmig. **Vorkommen** Birken-Spei-Täublinge erscheinen von Juli bis Oktober einzeln bis gesellig in Moorwäldern. **Wissenswertes** Auch der Birken-Spei-Täubling ist von brennend scharfem Geschmack, und kaum jemand wird ihn als Speisepilz verwenden. Er enthält Giftstoffe, die Bauchschmerzen, Erbrechen und lang anhaltende heftige Durchfälle verursachen. Die Vergiftungserscheinungen treten eine halbe bis drei Stunden nach dem Verzehr auf.

Der Tipp für unterwegs

Den Birken-Spei-Täubling finden Sie auf feuchten bis nassen Böden – besonders gerne im Moos – unter Birken.

2 Schuppiger Moor-Saftling

Hygrocybe coccineocrenata

Merkmale Der Schuppige Moor-Saftling ist ein kleiner, mehr oder weniger glasiger Pilz. Er trägt einen 1–3 cm breiten, zunächst gewölbten, später kreiselförmigen Hut, der bei jungen Exemplaren rot gefärbt ist, bei älteren orangegelb ausblasst. Der Hutrand ist oft gekerbt. Die breit am Stiel angewachsenen, weit auseinander stehenden Lamellen sind blassgelb. Der relativ lange (3–7 cm), spitz auslaufende, im Alter hohle, glänzende Stiel ist orangegelb bis orangerot. **Vorkommen** Der Schuppige Moor-Saftling ist ein sehr seltener Pilz. Er erscheint vom Sommer bis zum Herbst einzeln bis gesellig in Mooren. **Wissenswertes** Saftlinge sind mehr oder weniger glasige, meist sehr lebhaft gefärbte kleine Pilze mit oft spitzkegeligem Hut und weit auseinander stehenden dicken Lamellen. In Deutschland sind alle Saftlings-Arten wegen ihrer Seltenheit geschützt.

Der Tipp für unterwegs

Freuen Sie sich, wenn Sie im Torfmoos im Moor auf den kleinen Schuppigen Moor-Saftling stoßen – der Pilz ist leider nur noch selten anzutreffen.

1

2

Register

Wichtige Hinweise für den Benutzer
Auch die ausführlichste Beschreibung in einem Pilzbuch kann die umfassende Erfahrung nicht ersetzen, die ein Pilzsammler erst im Laufe der Zeit erwirbt. Lassen Sie deshalb selbstbestimmte Pilze beim geringsten Zweifel vorsichtshalber von einem Fachmann nachbestimmen (Pilzberatungsstellen, anerkannte Pilzberater).
Lassen Sie auf jeden Fall die Finger von Pilzen, die mit ähnlichen, aber giftigen Pilzen verwechselt werden könnten. Verlag und Autor tragen keinerlei Verantwortung für Fehlbestimmungen durch den Leser dieses Buches und für individuelle Unverträglichkeiten. Allgemein gilt: Pilze nie roh essen!
Sofern nicht anders angegeben, schließt der Hinweis „essbar“ stets ein, dass der Pilz nicht roh gegessen wird, vor dem Verzehr durch Braten, Kochen etc. eine Hitzebehandlung erfuhr.

Impressum

174 Farbfotos von Hans E. Laux und 7 Farbzeichnungen von Wolfgang Lang.

Umschlaggestaltung von eStudio Calamar unter Verwendung eines Farbfotos von Hans E. Laux; es zeigt den Fliegenpilz (*Amanita muscaria*).

Bibliografische Information der Deutschen Bibliothek
Die Deutsche Bibliothek verzeichnet diese Publikation in der Deutschen Nationalbibliografie; detaillierte bibliografische Daten sind im Internet über http://dnb.ddb.de abrufbar.

Gedruckt auf chlorfrei gebleichtem Papier

ISBN-13: 978-3-440-10723-2
ISBN-10: 3-440-10723-X
Redaktion: Teresa Baethmann
Lektorat: Sonnhild Bischoff
Produktion: Johannes Geyer
Grundlayout: eStudio Calamar
Printed in Germany / Imprimé en Allemagne